物联网安全实验教程

肖 玮◎主编

清华大学出版社
北京

内 容 简 介

"物联网安全"隶属新工科课程,具有理论虽枯燥无味、但实验饶有趣味的特点。本书根据课程安排,旨在合理组织物联网安全实验教学,使之既能配合理论教学,加深学生对理论知识的理解与掌握;又能紧跟物联网安全技术发展,培养和提高学生解决问题的综合实践能力和创新能力。根据物联网安全知识体系,共计提供17个实验项目。

内容涵盖物联网密码学基础、感知层安全、网络层安全、应用层安全等多方面。每个实验项目明确了实验目的、实验任务、实验环境、学时与要求、理论提示、实验指导注意事项和思考题等,实验原理图文并茂、可读性强,实验步骤翔实具体、可操作性强。每个实验既可独立教学,也可灵活组合进行个性化的创新实验。同时,实验设置了宏观把握型、细嚼慢咽型和独立完成型等进阶性实验模式,可以满足不同读者多样化的个性需求。

本书可作为由肖玮编著的《物联网安全》教材的配套实验用书,也可作为从事物联网安全的工程技术人员及爱好者的实验培训教材或参考书。

版权所有,侵权必究。举报:010-62782989,beiqinquan@tup.tsinghua.edu.cn。

图书在版编目(CIP)数据

物联网安全实验教程 / 肖玮主编. -- 北京:清华大学出版社,2025.4. --(清华科技大讲堂丛书).
ISBN 978-7-302-68808-2

Ⅰ. TP393.4-33;TP18-33

中国国家版本馆 CIP 数据核字第 2025Y14J29 号

责任编辑:赵 凯
封面设计:刘 键
责任校对:刘惠林
责任印制:丛怀宇

出版发行:清华大学出版社
网　　址:https://www.tup.com.cn,https://www.wqxuetang.com
地　　址:北京清华大学学研大厦 A 座　　邮　编:100084
社 总 机:010-83470000　　邮　购:010-62786544
投稿与读者服务:010-62776969,c-service@tup.tsinghua.edu.cn
质量反馈:010-62772015,zhiliang@tup.tsinghua.edu.cn
课件下载:https://www.tup.com.cn,010-83470236
印 装 者:三河市君旺印务有限公司
经　　销:全国新华书店
开　　本:185mm×260mm　　印　张:15.25　　字　数:370 千字
版　　次:2025 年 5 月第 1 版　　印　次:2025 年 5 月第 1 次印刷
印　　数:1~1500
定　　价:59.00 元

产品编号:099270-01

编写人员

主　编：肖　玮

编　者：万　平　李　明　杨辉跃　徐　维　郭　凌
　　　　李先利　刘国松　郭　亮　王　伟　杜伟伟
　　　　谭国鹏

前 言

物联网引发了第三次信息产业革命,在国民经济和国防建设中有着极为广泛的应用。从物联网诞生之日起,安全攻击事件日益频发,从"万物互联"到"万物皆险"让人们认清了一个真相:万物互联,安全先行。

"物联网安全"课程隶属新工科课程,具有理论虽枯燥无味、但实验饶有趣味的特点。本书根据课程特点,旨在合理组织物联网安全实验教学,使之既能配合理论教学,加深学生对理论知识的理解掌握,又能紧跟物联网安全技术发展,培养和提高学生解决问题的综合实践能力和创新能力。根据物联网安全知识体系,本书实验内容涵盖物联网密码学基础、感知层安全、网络层安全和应用层安全等多方面,共计提供17个实验项目。每个实验项目兼顾基础性和创新性,既可独立教学,也可灵活组合进行个性化的创新实验教学。同时,实验提供了宏观把握型、细嚼慢咽型和独立完成型等进阶性实验模式,可以满足不同读者多样化的个性需求。全书实验原理图文并茂、可读性强,实验步骤翔实具体、可操作性强,可作为由肖玮编著的《物联网安全》教材的配套实验用书,也可作为从事物联网安全的工程技术人员及爱好者的实验培训教材或参考书。

全书由肖玮主编,在编写过程中,参阅了国内外物联网安全的相关研究成果,具体内容已列在本书末的参考文献中。在此向文献的作者表示衷心的感谢!

本书及配套理论教材《物联网安全》得到了重庆市高等教育教学改革研究重点项目(232170)的支持。

感谢陆军勤务学院相关领导和专家、教授对本书撰写提供的支持和帮助!还要感谢清华大学出版社和本书责任编辑赵凯的大力支持与辛勤工作。赵凯编辑热情高效、细致负责的工作方式给编者留下了十分深刻的印象。

限于编者水平,加之时间较仓促,书中难免有疏漏、错误、欠妥之处,诚望广大读者不吝赐教,以便改进。

肖 玮

2023年7月于重庆

目 录

实验 1 环境配置 …… 1

  1.1 实验目的 …… 1
  1.2 实验任务 …… 1
  1.3 实验环境 …… 1
  1.4 实验学时与要求 …… 1
  1.5 理论提示 …… 1
    1.5.1 桌面虚拟计算机软件 VMware Workstation …… 1
    1.5.2 服务器操作系统 Windows Server 2003 …… 3
    1.5.3 渗透测试和安全审计的操作系统 Kali Linux …… 4
    1.5.4 环境管理器 Anaconda …… 5
    1.5.5 集成开发环境 Spyder …… 5
    1.5.6 网络抓包软件 Wireshark …… 5
  1.6 实验指导 …… 6
    1.6.1 任务一：桌面虚拟计算机软件 VMware Workstation 安装 …… 6
    1.6.2 任务二：服务器操作系统 Windows Server 2003 安装 …… 11
    1.6.3 任务三：渗透测试和安全审计操作系统 Kali Linux 安装 …… 12
    1.6.4 任务四：环境管理器 Anaconda 安装 …… 15
    1.6.5 任务五：集成开发环境 Spyder 安装 …… 17
    1.6.6 任务六：网络抓包软件 Wireshark 安装 …… 17
  1.7 注意事项 …… 19
  1.8 思考题 …… 20

实验 2 古典密码实验 …… 21

  2.1 实验目的 …… 21
  2.2 实验任务 …… 21
  2.3 实验环境 …… 21
    2.3.1 硬件环境 …… 21
    2.3.2 软件环境 …… 21
  2.4 实验学时与要求 …… 21
  2.5 理论提示 …… 22

  2.5.1 典型古典密码 ·· 22
  2.5.2 典型加解密工具软件 ·· 26
2.6 实验指导 ·· 27
  2.6.1 任务一：基于移位密码的加解密实验 ···································· 27
  2.6.2 任务二：基于单表替代密码的加解密实验 ···························· 29
  2.6.3 任务三：基于维吉尼亚密码的加解密实验 ···························· 29
  2.6.4 任务四：基于移位密码的编程实验 ·· 30
2.7 注意事项 ·· 34
2.8 思考题 ·· 34

实验 3 基于 DES 算法的加解密实验 ·· 36

3.1 实验目的 ·· 36
3.2 实验任务 ·· 36
3.3 实验环境 ·· 36
  3.3.1 硬件环境 ·· 36
  3.3.2 软件环境 ·· 36
3.4 实验学时与要求 ·· 37
3.5 理论提示 ·· 37
  3.5.1 现代密码体制 ·· 37
  3.5.2 DES 和 3DES 算法 ·· 38
  3.5.3 pyDES 库 ··· 38
  3.5.4 Cryptodome 库 ·· 39
3.6 实验指导 ·· 39
  3.6.1 任务一：基于工具软件的 DES 算法加解密实验 ·················· 39
  3.6.2 任务二：基于 Python 语言的 DES 算法加解密编程实验 ······ 41
  3.6.3 任务三：基于 DES 算法的密文破解实验 ······························ 42
  3.6.4 任务四：DES 算法的编程扩展实验 ····································· 43
3.7 注意事项 ·· 43
3.8 思考题 ·· 43

实验 4 基于 Python 语言编程的 AES 算法加解密实验 ································· 45

4.1 实验目的 ·· 45
4.2 实验任务 ·· 45
4.3 实验环境 ·· 45
  4.3.1 硬件环境 ·· 45
  4.3.2 软件环境 ·· 45
4.4 实验学时与要求 ·· 45
4.5 理论提示 ·· 46
  4.5.1 AES 算法 ··· 46

		4.5.2 AES 算法的工作模式 ………………………………………	48
4.6	实验指导 ………………………………………………………………		54
	4.6.1	实验环境搭建 ………………………………………………	54
	4.6.2	AES 算法的编程实现 ………………………………………	54
	4.6.3	Python 语言关键知识点解析 ………………………………	55
4.7	常见问题及处理方式 …………………………………………………………		61
	4.7.1	问题 1：在集成开发环境 Spyder 的 console 中提示没有 Crypto 模块 ……	61
	4.7.2	问题 2：在集成开发环境 Spyder 中提示没有 Crypto.Cipher 模块 ……	62
	4.7.3	问题 3：程序运行出现 TypeError：Object type < class 'str'> cannot be passed to C code 错误 ………………………	62
	4.7.4	问题 4：编译出现 TabError：Inconsistent use of tabs and spaces in indentation 错误 ………………………………………	62
	4.7.5	问题 5：出现 TypeError：a bytes-like object is required，not 'str' ……	63
4.8	注意事项 ………………………………………………………………		63
4.9	思考题 …………………………………………………………………		63
4.10	参考代码 ………………………………………………………………		64

实验 5 基于 CrypTool 软件的 RSA 算法加解密实验

5.1	实验目的 ………………………………………………………………		66
5.2	实验任务 ………………………………………………………………		66
5.3	实验环境 ………………………………………………………………		66
	5.3.1	硬件环境 …………………………………………………	66
	5.3.2	软件环境 …………………………………………………	66
5.4	实验学时与要求 ………………………………………………………		66
5.5	理论提示 ………………………………………………………………		67
	5.5.1	RSA 算法 …………………………………………………	67
	5.5.2	CrypTool 软件 ……………………………………………	70
5.6	实验指导 ………………………………………………………………		70
	5.6.1	RSA 密钥对生成 …………………………………………	70
	5.6.2	RSA 算法加密 ……………………………………………	71
	5.6.3	RSA 算法解密 ……………………………………………	73
5.7	注意事项 ………………………………………………………………		74
5.8	思考题 …………………………………………………………………		75

实验 6 基于 bmrsa 软件的 RSA 算法加解密实验

6.1	实验目的 ………………………………………………………………		77
6.2	实验任务 ………………………………………………………………		77
6.3	实验环境 ………………………………………………………………		77
	6.3.1	硬件环境 …………………………………………………	77

  6.3.2 软件环境 ·········· 77
 6.4 实验学时与要求 ·········· 77
 6.5 理论提示 ·········· 78
  6.5.1 RSA 算法 ·········· 78
  6.5.2 bmrsa 软件 ·········· 78
  6.5.3 Base64 编码 ·········· 78
 6.6 实验指导 ·········· 78
  6.6.1 明文文件准备 ·········· 78
  6.6.2 密钥文件生成 ·········· 78
  6.6.3 文件加密 ·········· 80
  6.6.4 文件解密 ·········· 80
 6.7 注意事项 ·········· 81
 6.8 思考题 ·········· 82

实验 7 基于 Python 语言编程的 RSA 算法加解密实验 ·········· 83

 7.1 实验目的 ·········· 83
 7.2 实验任务 ·········· 83
 7.3 实验环境 ·········· 83
  7.3.1 硬件环境 ·········· 83
  7.3.2 软件环境 ·········· 83
 7.4 实验学时与要求 ·········· 83
 7.5 理论提示 ·········· 84
  7.5.1 RSA 算法 ·········· 84
  7.5.2 RSA 算法 Python 加解密模块 ·········· 84
 7.6 实验指导 ·········· 84
  7.6.1 实验环境搭建 ·········· 84
  7.6.2 RSA 算法的编程实现 ·········· 84
  7.6.3 Python 语言关键知识点解析 ·········· 84
 7.7 实例代码 ·········· 87
 7.8 注意事项 ·········· 88
 7.9 思考题 ·········· 89

实验 8 基于 MD5 消息摘要算法的 Hash 值计算实验 ·········· 91

 8.1 实验目的 ·········· 91
 8.2 实验任务 ·········· 91
 8.3 实验环境 ·········· 91
  8.3.1 硬件环境 ·········· 91
  8.3.2 软件环境 ·········· 91
 8.4 实验学时与要求 ·········· 91

8.5 理论提示 …… 92
    8.5.1 MD5 算法 …… 92
    8.5.2 Hash 函数 …… 93
8.6 实验指导 …… 94
    8.6.1 明文消息准备 …… 94
    8.6.2 MD5 散列值计算 …… 94
8.7 注意事项 …… 96
8.8 思考题 …… 96

实验 9 基于 CrypTool 软件的数字签名实验 …… 98

9.1 实验目的 …… 98
9.2 实验任务 …… 98
9.3 实验环境 …… 98
    9.3.1 硬件环境 …… 98
    9.3.2 软件环境 …… 98
9.4 实验学时与要求 …… 98
9.5 理论提示 …… 98
    9.5.1 数字签名 …… 98
    9.5.2 邮件加密软件 PGP …… 100
9.6 实验指导 …… 101
    9.6.1 RSA 密钥对生成 …… 101
    9.6.2 消息数字签名生成与验证 …… 101
9.7 注意事项 …… 105
9.8 思考题 …… 106

实验 10 基于 Python 语言编程的数字签名实验 …… 107

10.1 实验目的 …… 107
10.2 实验任务 …… 107
10.3 实验环境 …… 107
    10.3.1 硬件环境 …… 107
    10.3.2 软件环境 …… 107
10.4 实验学时与要求 …… 107
10.5 理论提示 …… 107
    10.5.1 数字签名 …… 107
    10.5.2 数字签名 Python 模块 …… 108
10.6 实验指导 …… 108
    10.6.1 实验环境搭建 …… 108
    10.6.2 相关库(包、模块)安装导入 …… 108
    10.6.3 数字签名 Python 语言编程实现 …… 109

10.7	实例代码	109
	10.7.1 实例一	109
	10.7.2 实例二	110
10.8	注意事项	112
10.9	思考题	113

实验 11 M1 卡复制实验 ··· 114

11.1	实验目的	114
11.2	实验任务	114
11.3	实验环境	114
	11.3.1 硬件环境	114
	11.3.2 软件环境	114
11.4	实验学时与要求	114
11.5	理论提示	115
	11.5.1 RFID	115
	11.5.2 M1 卡	120
	11.5.3 ISO 14443 协议标准	124
11.6	实验指导	124
	11.6.1 软件安装	124
	11.6.2 器件连接	125
	11.6.3 卡复制	125
	11.6.4 扩展实验	129
11.7	注意事项	129
11.8	思考题	129

实验 12 ZigBee 组网实验 ·· 131

12.1	实验目的	131
12.2	实验任务	131
12.3	实验环境	131
	12.3.1 硬件环境	131
	12.3.2 软件环境	131
12.4	实验学时与要求	131
12.5	理论提示	132
	12.5.1 ZigBee 协议	132
	12.5.2 ZigBee 网络设备	132
	12.5.3 ZigBee 网络组网	133
	12.5.4 ZigBee 网络密钥	136
	12.5.5 IAR 嵌入式应用开发工具简介	136
12.6	实验指导	137

  12.6.1　硬件平台搭建 ……………………………………………………… 137
  12.6.2　软件平台搭建 ……………………………………………………… 138
  12.6.3　CC Debugger 下载器连接 ………………………………………… 143
  12.6.4　程序编写 …………………………………………………………… 144
  12.6.5　网络运行 …………………………………………………………… 147
 12.7　注意事项 …………………………………………………………………… 147
 12.8　思考题 ……………………………………………………………………… 148

实验 13　ZigBee 抓包实验 ………………………………………………………… 149

 13.1　实验目的 …………………………………………………………………… 149
 13.2　实验任务 …………………………………………………………………… 149
 13.3　实验环境 …………………………………………………………………… 149
  13.3.1　硬件环境 …………………………………………………………… 149
  13.3.2　软件环境 …………………………………………………………… 149
 13.4　实验学时与要求 …………………………………………………………… 149
 13.5　理论提示 …………………………………………………………………… 150
  13.5.1　ZigBee 安全模式 …………………………………………………… 150
  13.5.2　从报文角度分析 ZigBee 组网 ……………………………………… 150
 13.6　实验指导 …………………………………………………………………… 157
  13.6.1　实验 12 完成 ………………………………………………………… 157
  13.6.2　抓包软件 Ubiqua 安装 ……………………………………………… 157
  13.6.3　CC2530 USB 信号接收棒驱动安装 ……………………………… 158
  13.6.4　CC2530 USB 信号接收棒连接 …………………………………… 160
  13.6.5　抓包启动 …………………………………………………………… 163
 13.7　注意事项 …………………………………………………………………… 168
 13.8　思考题 ……………………………………………………………………… 169

实验 14　Wi-Fi 密码破解实验 ……………………………………………………… 170

 14.1　实验目的 …………………………………………………………………… 170
 14.2　实验任务 …………………………………………………………………… 170
 14.3　实验环境 …………………………………………………………………… 170
  14.3.1　硬件环境 …………………………………………………………… 170
  14.3.2　软件环境 …………………………………………………………… 170
 14.4　实验学时与要求 …………………………………………………………… 170
 14.5　理论提示 …………………………………………………………………… 170
  14.5.1　网卡工作模式 ……………………………………………………… 170
  14.5.2　Aircrack-ng 工具 …………………………………………………… 171
  14.5.3　渗透测试 …………………………………………………………… 172
  14.5.4　安全审计 …………………………………………………………… 172

14.6 实验指导 172
 14.6.1 VMware Workstation 虚拟机和 Kali Linux 操作系统安装 172
 14.6.2 无线抓包网卡连接 172
 14.6.3 网卡监听模式开启 174
14.7 注意事项 179
14.8 思考题 180

实验 15 模拟 IP 欺骗实验 181

15.1 实验目的 181
15.2 实验任务 181
15.3 实验环境 181
 15.3.1 硬件环境 181
 15.3.2 软件环境 181
15.4 实验学时与要求 181
15.5 理论提示 182
 15.5.1 IP 欺骗原理 182
 15.5.2 nping 工具 182
 15.5.3 实验基础架构 185
15.6 实验指导 186
 15.6.1 相关环境配置 186
 15.6.2 IP 地址查看 187
 15.6.3 Wireshark 软件启动 189
 15.6.4 Kali Linux 操作系统进入 190
 15.6.5 基于 Wireshark 软件抓包结果观察 191
 15.6.6 模拟 IP 欺骗实施 191
15.7 注意事项 192
15.8 思考题 193

实验 16 模拟 SYN Flooding 攻击实验 195

16.1 实验目的 195
16.2 实验任务 195
16.3 实验环境 195
 16.3.1 硬件环境 195
 16.3.2 软件环境 195
16.4 实验学时与要求 196
16.5 理论提示 196
 16.5.1 TCP 连接 196
 16.5.2 SYN Flooding 攻击原理 197
 16.5.3 hping3 工具 198

16.5.4　实验基础架构 200
16.6　实验指导 200
　　16.6.1　实验环境搭建 200
　　16.6.2　参数设置 200
　　16.6.3　IP 地址查看 200
　　16.6.4　模拟 SYN Flooding 攻击实施 203
　　16.6.5　IP 欺骗下的模拟 SYN Flooding 攻击 204
　　16.6.6　Wireshark 抓包启动 205
16.7　注意事项 207
16.8　思考题 207

实验 17　模拟 DoS 攻击实验 209

17.1　实验目的 209
17.2　实验任务 209
17.3　实验环境 209
　　17.3.1　硬件环境 209
　　17.3.2　软件环境 209
17.4　实验学时与要求 209
17.5　理论提示 210
　　17.5.1　DoS 攻击 210
　　17.5.2　DDoS 攻击 210
17.6　实验指导 210
　　17.6.1　实验环境搭建 210
　　17.6.2　DoS 攻击文件编写 211
　　17.6.3　DoS 攻击文件复制 211
　　17.6.4　模拟 DoS 攻击实施 213
17.7　注意事项 216
17.8　思考题 216

附录 1　如何查看计算机的 MAC 地址 218

附录 2　针对 VMware Network Adapter VMnet8 的自动获取 IP 地址设置 220

附录 3　针对 Windows Server 2003 的自动获取 IP 地址设置 222

参考文献 225

实验 1

环 境 配 置

1.1 实验目的

安装、配置本书涉及的所有物联网安全实验需要的相关实验环境,为完成后续实验打好基础。

1.2 实验任务

本次实验任务要求管理员在 Windows 系统中安装和使用本书涉及的物联网安全所有实验需要的相关实验环境,具体包括安装桌面虚拟计算机软件 VMware Workstation、服务器操作系统 Windows Server 2003、渗透测试和安全审计的操作系统 Kali Linux、Python 编程环境 Anaconda 环境管理器、集成开发环境 Spyder、网络抓包软件 Wireshark 等的安装、配置。

1.3 实验环境

安装 Microsoft Windows 操作系统的计算机 1 台,64 位 x86 Intel Core 2 双核处理器或同等级别的处理器。1.3GHz 或更快的核心速度,至少 2GB 内存,建议 8GB 以上。

1.4 实验学时与要求

学时:2~4 学时。
要求:独立完成实验任务,撰写实验报告,重点梳理在实验过程中遇到的问题、采取的解决方法和最终结果。

1.5 理论提示

1.5.1 桌面虚拟计算机软件 VMware Workstation

1. 虚拟化技术

虚拟化技术是一种计算机技术,它允许在单一物理硬件上运行多个虚拟环境或操作系统。这种技术通过创建一个软件层来实现,这个软件层可以模拟出多个独立的计算环境,每个环境中都可以运行不同的操作系统和应用程序。虚拟化技术的主要优势包括提高资源利用率、简化 IT 管理、增强系统安全性和可靠性以及降低成本。目前多数大规模互联网公司和游戏公司大都采用 Xen,KVM 等虚拟化技术。使用这些虚拟化技术的好处是当服务器宕机时,运维人员在做维护时只需要将在虚拟机上运行的服务切换到另一台物理机上。如果不使用虚拟化技术,运维人员就必须在服务离线前再找一台物理机配置服务,以实现切换。因此,虚拟化技术可以实现服务实时切换、迁移。另外,在运维上,特别是自动化运维以及实现弹性运算等高级功能只能通过虚拟机的运行方式来实现,而物理机的运行方式是运行不了的。

Xen 技术是一种开源的虚拟化平台,由剑桥大学计算机实验室开发,并广泛应用于云计算和企业级服务器虚拟化中。它通过将物理资源在操作系统层面进行多路复用,实现了性能隔离和高效的资源管理。

KVM(Kernel-based Virtual Machine)是一种基于 Linux 内核的虚拟化技术,其全称为"基于内核的虚拟机"。KVM 通过在 Linux 内核中增加一个模块来实现虚拟化功能,使得 Linux 系统能够像超视图一样运行多个虚拟机。这种技术依赖于硬件支持虚拟化的特性,如 Intel 的 VT-x 和 AMD 的 AMD-V。

虚拟机 Guest 是运用虚拟化技术构建的操作系统实例。虚拟机是一种软件或硬件技术,它允许在单一物理计算机上运行多个操作系统实例。这种技术通过模拟计算机硬件环境来实现,使得每个操作系统实例(即"虚拟机")都能在其自己的隔离环境中独立运行,而不会相互干扰,看起来就像独立的电脑一样。一台物理计算机最核心的硬件部件是中央处理单元 CPU(Central Processing Unit),存储设备内存,I/O 设备,它们通过主板连接起来。因此严格来说,创建虚拟机是通过软件方式虚拟出多个具有独立的 CPU、Memory、I/O 设备的平台。作为物理硬件基础运行虚拟机监控器(Hypervisor)或虚拟机管理程序的计算机称为宿主机 Host。负责提供资源给虚拟机,并通过虚拟化软件来管理这些资源,使得多个操作系统可以在同一台物理机器上并行运行而互不干扰。

新的问题来了。假设我们的计算机只有一个 CPU,所以底层能实现运算的只有一个 CPU,那么软件如何保证各个虚拟机拥有独立的 CPU?对于存储设备内存和输入输出 I/O 设备来说又是怎么实现的?对于 CPU 来说,因为 CPU 的工作方式是分时的(Time-sharing),它能把运行时间分为多个时间段,并将这些时间段分配给各个虚拟机,所以能保证各个虚拟机拥有独立的 CPU。对于内存来说,首先要明白读取内存数据的方式。内存是编址的存储单元,读取方式是 CPU 通过寻址后定位到内存某一个单元格存储空间上获取数据的。因此,虚拟内存是通过人为地在逻辑上把内存切成多段,分别分配给各个虚拟机,每个虚拟机只能使用自己地址范围内的内存,剩下的内存则分配给宿主机 Host。I/O 的虚拟化是比较困难的。例如,输入设备键盘是不可能同时为多个虚拟机以及宿主机占用的,因此也只能类似"分时"地使用,键盘或者鼠标的控制权在各个虚拟机和宿主机间的切换是通过"捕获"来实现的。此外,网卡的虚拟化是通过软件的方式,为各个虚拟机虚拟出网卡,这些网卡最终都要对应到物理网卡上。

创建虚拟机主要有如下两大步骤:一是虚拟出一个物理机,二是为这个物理机安装操作系统。

虚拟出一个物理机是指虚拟出硬件部件的意思,主要是虚拟出 CPU、内存、I/O(硬盘、Ethercard 等)。例如,指定有多少个 CPU,CPU 有几个核,有多少内存,有多少个硬盘,这些硬盘是什么格式的,有多少个网卡,这些网卡又是什么格式的等,做完这一步骤之后,物理机就虚拟出来了。但是如果没有软件在这些硬件上面运行,那么这些硬件就相当于一堆废铁,所以还要为这个物理机安装需要的操作系统。

在创建虚拟机的过程中,硬盘的虚拟化或磁盘的虚拟化是通过磁盘映像文件(disk image file)实现的,即将一个或多个文件当作硬盘或磁盘来使用。如何才能把文件当成硬盘或磁盘来使用呢?这就是桌面虚拟计算机软件,即虚拟化的软件(如 VMware Workstation)的意义了。这个软件能够通过某个接口虚拟出硬盘控制器,这个控制器就能把文件当作磁盘来使用了,而且不仅能指定这个硬盘文件的大小,还能支持稀疏格式(sparse)。什么是稀疏格式呢?例如,在创建虚拟机时,指定这个虚拟机的硬盘空间为 20GB,但实际上在我们的计算机上看到的这个硬盘文件大小只显示 20KB,由此导致虚拟机的硬盘大小与其在宿主机上占用空间的大小不一致,这就是稀疏格式。并且,这 20KB 会随着用户需求以及在虚拟机上的操作不断增加,如从 20KB 增加到 4GB,再到 10GB 等。

2. VMware Workstation 软件简介

VMware Workstation(中文名为"威睿工作站")是一款功能强大的桌面虚拟计算机软件,为用户提供可在单一的桌面上同时运行不同的操作系统,以及进行开发、测试、部署新的应用程序的最佳解决方案。VMware Workstation 可在一部实体机器上模拟完整的网络环境,以及可便于携带的虚拟机器,其更好的灵活性与先进的技术胜过了市面上其他的虚拟计算机软件。对于企业的 IT 开发人员和系统管理员,VMware Workstation 在虚拟网络、实时快照、拖曳共享文件夹、支持 PXE 等方面的特点使它成为必不可少的工具。目前最为优秀的虚拟机软件包括 VMware Workstation 和 Virtual Box,这两款软件的操作都很简单。

PXE(Preboot Execution Environment)是一种预引导执行环境,它允许计算机在没有本地存储设备(如硬盘、光驱或软驱)的情况下通过网络启动操作系统。这种技术主要用于简化和加速计算机的安装和维护过程。

本书所有实验都以 VMware Workstation 软件为例,建议尽量选择最新版本。同时,由于虚拟机需要在一台计算机上模拟出多台完全不同的计算机,因此对计算机硬件配置要求较高,最好使用 8GB 以上的内存。

1.5.2 服务器操作系统 Windows Server 2003

由于 VMware Workstation 软件的作用是为用户提供可在单一的桌面上同时运行不同的操作系统,以及进行开发、测试、部署新的应用程序的最佳解决方案,因此还需在安装好的 VMware Workstation 软件中创建实验所需的操作系统。Windows Server 2003 是微软公司于 2003 年 3 月 28 日发布的基于 Windows XP/Windows NT 5.1 开发的服务器操作系统,并在同年 4 月底上市,其主要优点表现在如下几方面。

1. 可靠

Windows Server 2003 是迄今为止最快、最可靠和最安全的 Windows 服务器操作系统。

Windows Server 2003 通过以下方式实现这一目的：提供集成结构，用于确保商务信息的安全性；提供可靠性、可用性和可伸缩性；提供用户需要的网络结构。

2. 高效

Windows Server 2003 提供各种工具，允许用户部署、管理和使用网络结构以获得最大效率。Windows Server 2003 通过以下方式实现这一目的：提供灵活易用的工具，有助于使用户的设计和部署与单位和网络的要求相匹配；通过加强策略、使任务自动化以及简化升级来帮助用户主动管理网络；通过让用户自行处理更多的任务来降低开销。

3. 联网

连接 Windows Server 2003 可以帮助用户创建业务解决方案结构，以便与雇员、合作伙伴、系统和用户更好地沟通。Windows Server 2003 通过以下方式实现这一目的：提供集成的 Web 服务器和流媒体服务器，帮助用户快速、轻松和安全地创建动态 Intranet 和 Internet Web 站点；提供集成的应用程序服务器，帮助用户轻松地开发、部署和管理 XML Web 服务；提供多种工具，使用户得以将 XML Web 服务与内部应用程序、供应商和合作伙伴连接起来。

4. 经济

与来自微软公司的许多硬件、软件和渠道合作伙伴的产品和服务相结合，Windows Server 2003 提供了有助于使用户的结构投资获得最大回报的选择。Windows Server 2003 通过以下方式实现这一目的：为使用户得以快速将技术投入使用的完整解决方案提供简单易用的说明性指南；通过利用最新的硬件、软件和方法来优化服务器部署，从而帮助用户合并各个服务器；降低用户的所属权总成本(Total Cost of Ownership，TCO)，使投资很快就能获得回报。

1.5.3 渗透测试和安全审计的操作系统 Kali Linux

Kali Linux，简称 Kali，是面向专业人士的渗透测试和安全审计的操作系统（渗透测试是通过模拟黑客的攻击方法，来评估计算机网络系统安全的一种评估方法）。它是由大名鼎鼎的 Back Track 系统（Back Track 系统曾经是世界上非常优秀的渗透测试操作系统）发展而来。2016 年国际渗透攻击测试公司 Offensive Security 对 Back Track 系统进行了升级改造，推出了功能更为强大的 Kali Linux。Kali Linux 几乎涵盖了当前世界上优秀的渗透测试工具，具有以下特点：

(1) 开源免费；
(2) 支持多种无线网卡，定制内核支持无线注入；
(3) 能安装到任何智能设备上，支持手机、PAD、ARM 平台等；
(4) 高度可定制；
(5) 更新频繁，随时保持最新内核、最新软件、最新特性；
(6) 操作十分方便，提供类似 Windows 的图形化操作界面。

因此深受渗透测试者、安全审计者、安全研究者、电子取证者、逆向工程者、红客、黑客们的青睐。

1.5.4 环境管理器 Anaconda

Anaconda(中文名为"大蟒蛇")是一个安装、管理 Python 相关包的软件,其包含了 Python、Jupyter Notebook、Spyder、Conda 等 180 多个常用的数据处理和科学计算等工具包以及相关依赖项。较之于在 Python 基础版本上直接安装各种工具包的烦琐,使用 Anaconda 环境管理器可以节省大量的安装各种工具包的时间和精力。例如,在 A 项目中用了 Python 2 版本,而新的项目 B 要求使用 Python 3 版本,而同时安装两个 Python 版本可能会造成许多混乱和错误。此时环境管理器 Anaconda 自带的 Conda 环境就可以帮助用户为不同的项目建立不同的运行环境。很多项目使用的包版本不同,如不同的 Pandas 版本,不可能同时安装两个 NumPy 版本,这时 Anaconda 就可以帮用户为每个 NumPy 版本创建一个环境,然后项目在对应环境中工作。

1.5.5 集成开发环境 Spyder

Spyder 是一个基于 Python 语言开发的集成开发环境(Integrated Development Environment,IDE),旨在为 Python 开发者提供一站式的开发体验,具有如下重要特性:

(1) 可以用来编写 Python 程序的编辑器;

(2) 可以在运行程序之前观察程序的代码行,其中可能包含潜在的错误或效率不高之处;

(3) 拥有可以通过输入和输出与用户进行交互的控制台(console);

(4) 可以观察程序中变量的值;

(5) 可以对代码进行逐行调试。

1.5.6 网络抓包软件 Wireshark

Wireshark 的最早版本叫作 Ethereal,是一个可以运行在各类主流操作系统上的网络封包分析软件和网络嗅探软件,其主要功能是截取网络封包,并尽可能显示出最为详细的网络封包资料。Wireshark 就像网络世界的显微镜,用户可以在它的帮助下了解网络中发生的一切。Wireshark 使用 WinPCAP 作为接口,直接与网卡进行数据报文交换。Wireshark 功能十分强大,具有如下特点。

(1) 支持所有的主流操作系统。无论是 Windows、Linux 或者 macOS,在 Wireshark 的官方网站上都可以下载适合自己操作系统的版本。

(2) 支持世界上所有常见的网络协议。随着 Wireshark 版本的不断更新,其中也添加了大量的新协议。因此可以截取各种网络封包,显示网络封包的详细信息。

(3) 极为友好的使用界面。无论是资深工程师,还是对于刚刚接触网络科学的初学者来说,Wireshark 优秀的图形化操作界面,都会给用户带来极大便利。

(4) 开源免费项目,目前全世界有很多爱好者都参与了 Wireshark 的开发。而 Wireshark 也提供了友好的扩展功能开发环境,当用户有了新的需求时,就可以自己编写代码来实现。

(5) 对网络数据实时的显示。以前的很多网络分析工具都采用了先捕获网络中的数据,等到捕获停止时再显示出这些数据的工作方式。这样用户无法实时地观察网络中的运行情况。而 Wireshark 采用了实时的工作方式,它可以立刻将捕获到的数据显示出来,以便用户对网络进行实时的监控,及时掌握整个网络的运行状况。

WinPCAP 接口是 Windows 平台上的一个开源库,它赋予了 Win32 应用程序直接访问网络底层数据包的能力。通过其核心组件——网络数据包过滤器 NPF,WinPCAP 实现了捕获、发送和过滤原始数据包的功能,并提供了丰富的统计信息收集能力。作为免费且易于使用的工具,WinPCAP 不仅支持多版本的 Windows 操作系统,还保持了与 Unix/Linux 平台下 libpcap 库的兼容性,促进了跨平台网络工具的开发与移植。广泛应用于网络协议分析、监视、入侵检测、流量生成及测试等多个领域,但使用时需注意网络安全与隐私保护,以及可能对网络性能的影响。

1.6 实验指导

1.6.1 任务一:桌面虚拟计算机软件 VMware Workstation 安装

1. VMware Workstation 软件下载

(1)连接互联网直接搜索:VMware Workstation 官网,如图 1-1 所示。选择 VMware Workstation Pro-Download,如图 1-2 所示。

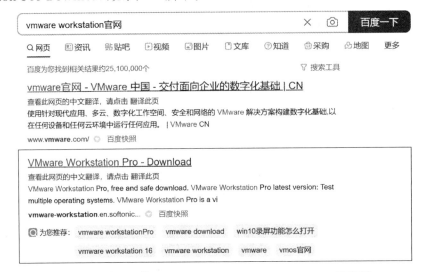

图 1-1 联网下载 VMware Workstation Pro-Download 示意图

图 1-2 VMware Workstation 对应的版本选择

(2)VMware Workstation 软件版本选择。VMware Workstation 分别支持 Windows 和 Linux 操作系统,应根据实验计算机选择相应的操作系统。下文以系统环境 Windows 为例进行说明。

2. VMware Workstation 软件安装

(1) 下载后的软件为 VMware Workstation-full-16.2.1-18811642.exe,单击进入如图 1-3 所示界面。

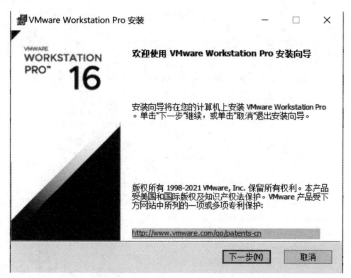

图 1-3　安装 VMware Workstation Pro 初始界面

(2) 勾选"我接受许可协议中的条款(A)",单击"下一步"按钮,如图 1-4 所示。

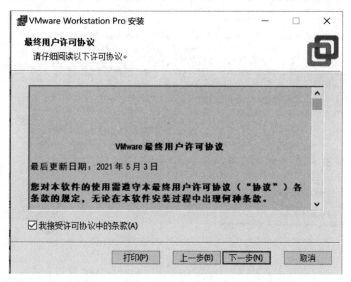

图 1-4　安装 VMware Workstation Pro"下一步"界面

(3) 选择安装位置,默认为 C 盘。建议将其安装在非系统盘中自己创建的 VMware 目录下,且硬盘剩余空间尽量足够大,如图 1-5 所示,勾选增强型键盘驱动程序,将 VMware 控制台工具添加到系统 PATH 等后,单击"下一步"按钮。

注意:① 安装位置尽量不要放在系统盘(C 盘)。

② 安装路径尽可能避免出现中文。

(4) 根据个人意愿勾选后,依次单击"下一步"按钮,如图 1-6 和图 1-7 所示。

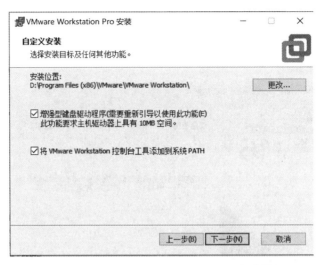

图 1-5　安装 VMware Workstation Pro 勾选界面

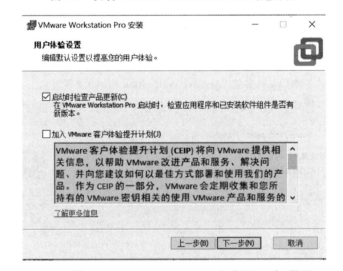

图 1-6　安装 VMware Workstation Pro 勾选"下一步"界面（1）

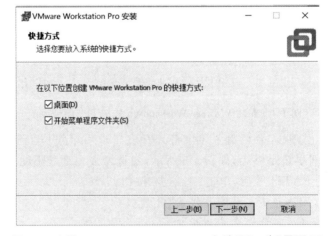

图 1-7　安装 VMware Workstation Pro 勾选"下一步"界面（2）

（5）如果前面设置都没问题，单击"安装"按钮，即进入安装界面（这个过程可能需要一段较长的时间），如图 1-8 所示。

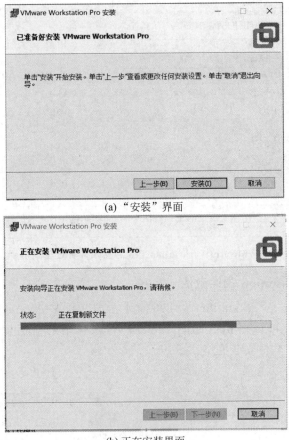

(a)"安装"界面

(b) 正在安装界面

图 1-8　VMware Workstation Pro 的安装界面

（6）安装成功后，单击"许可证"按钮，如图 1-9 所示。

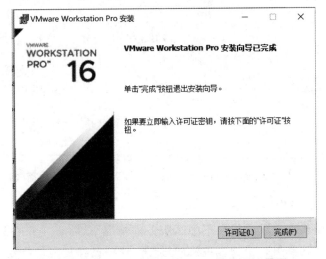

图 1-9　VMware Workstation Pro 的许可证界面

（7）输入许可证密钥。输入密钥验证成功后,单击"输入"即可,如图 1-10 所示。

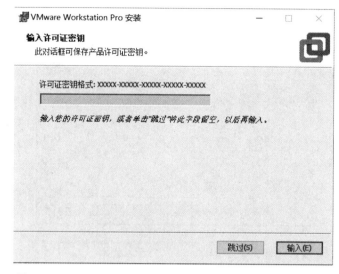

图 1-10　VMware Workstation Pro 的输入许可证密钥界面(1)

3. VMware Workstation 软件激活

通过桌面 VMware Workstation 软件图标等方式打开 VMware Workstation 软件后,单击"帮助"→"输入许可证密钥",如图 1-11 所示,在弹出的对话框中输入密钥。至此,VMware Workstation 软件安装完毕。

图 1-11　VMware Workstation Pro 的输入许可证密钥界面(2)

4. 已有虚拟机的备份或迁移

已有虚拟机的备份或迁移是指在不中断服务的情况下,将一个正在运行的虚拟机的状态从一个物理主机迁移到另一个物理主机的过程。这一过程是为了负载均衡、故障转移、维

护或其他目的而进行的。下面以 VMware Workstation 软件为例进行介绍,具体步骤如下:

(1) 先将 VMware Workstation 软件中正在运用的虚拟机操作系统关机,退出 VMware Workstation 软件。然后复制原来虚拟机的所有文件(包括 *.vmx 等多个文件)到本机或其他计算机的目的文件夹。

(2) 在 VMware Workstation 软件菜单中单击"文件"→"打开",选择系统迁移的目标文件夹中的一个.vmx 文件(可能会有多个,选择文件尺寸小的那个),单击"确定"按钮,如图 1-12 所示。

图 1-12 选择.vmx 文件所在的目标文件夹

(3) 弹出如图 1-13 所示对话框,单击"我已复制该虚拟机(P)"。

图 1-13 选择是否复制虚拟机对话框

(4) 选择"我已复制该虚拟机"后,虚拟机复制成功,系统就可以打开虚拟机了。

1.6.2 虚拟机下 Windows Server 2003 安装

(1) 进入百度搜索"Windows Server 2003 下载",然后进入官方下载页面下载 WIN_2003_SP2_32_CHS.ISO。

(2) 打开 VMware Workstation 软件,在图 1-14 所示界面中,单击"创建新的虚拟机",在弹出的对话框中选择"典型(推荐)T"→"下一步"。

(3) 在弹出的如图 1-15 所示对话框中,如用光盘安装,选择第一个选项。如用镜像文件安装,选择第二个选项,将 ISO 文件的地址指定到目标地址(即 Windows Server 2003 镜像在计算机上的存储位置),其余参数建议使用默认设置。

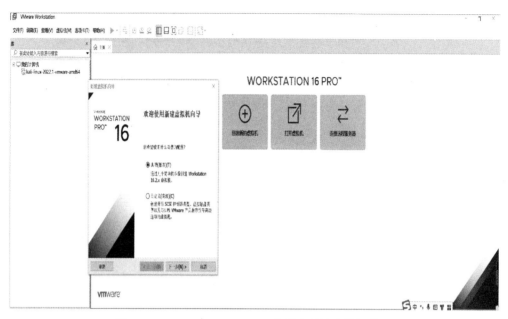

图 1-14　VMware Workstation 中创建新的虚拟机界面

图 1-15　Windows Server 2003 操作系统安装路径选择

（4）输入密钥及用户信息。个性化的密码可根据自己需要设置，也可不设置；如在此设置了，在后续启动 Windows Server 2003 操作系统时需要输入。此外，安装路径尽量不要在系统盘，如图 1-16 所示。然后单击"下一步"按钮。至此，在 VMware Workstation 中安装 Windows Server 2003 操作系统安装完成。

1.6.3　任务三：渗透测试和安全审计操作系统 Kali Linux 安装

1. Kali Linux 下载

目前 Offensive Security 公司提供了已经安装完毕的 Kali Linux 操作系统镜像，可以直接到其官网下载使用。下载之后得到的是一个压缩文件（kali-linux-2022.1-vmware-amd64.7z），将这个文件解压到指定目录中。

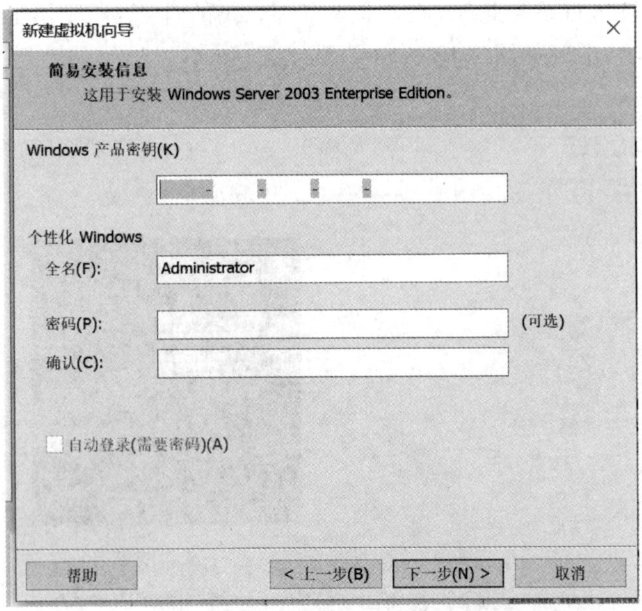

图 1-16　Windows Server 2003 操作系统的密钥输入

2. 将 Kali Linux 添加到 VMware Workstation

1) 启动 VMware Workstation 虚拟机

由于刚安装完毕的 VMware Workstation 虚拟机中尚未添加任何操作系统,所以启动 VMware Workstation 虚拟机后,左侧界面中"我的计算机"下什么也没有,如图 1-17 所示。

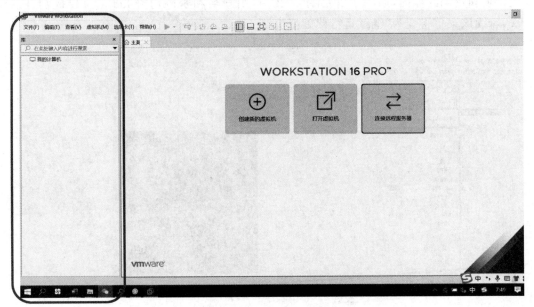

图 1-17　VMware Workstation 虚拟机初始界面

2) 将 Kali Linux 添加到 VMware Workstation

在 VMware Workstation 软件菜单选项中依次单击"文件"→"打开"按钮,打开 Kali

Linux 安装文件的解压目录。此时,在左侧界面中"我的计算机"下有了 kali-linux-2022.1-vmware-amd64 选项,出现如图 1-18 所示界面。

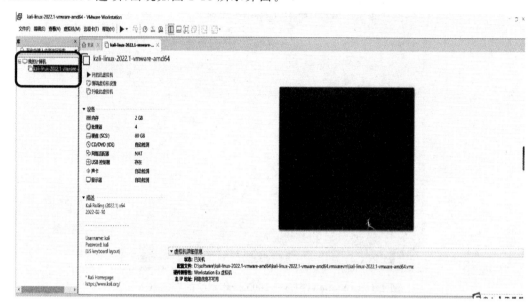

图 1-18　加载 Kali Linux 后的 VMware Workstation 虚拟机初始界面

3. Kali Linux 启动

如图 1-19 所示,在 VMware Workstation 软件中,单击"开启此虚拟机",将出现提示输入用户名和密码的界面,如图 1-20 所示。其中,用户名和密码均为 kali。只要成功开启了一次,后续该菜单将变为"继续运行此虚拟机"。

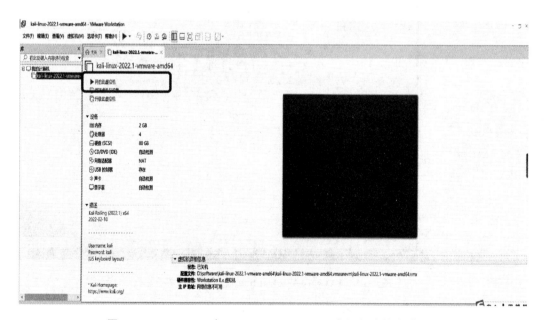

图 1-19　Kali Linux 在 VMware Workstation 虚拟机中的启动界面

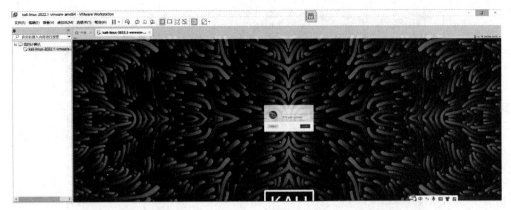

图 1-20　Kali Linux 在 VMware Workstation 虚拟机中的初始界面

1.6.4　任务四：环境管理器 Anaconda 安装

1. Anaconda 下载

Anaconda 官网下载网址：https://www.anaconda.com/download/。该版本更新较快，Anaconda 3-4.2.0-Windows-x86.exe 文件名含义：3-x.x.x 表示 Python 版本 3.x，Windows-x86 表示 32 位 Windows 系统，Windows-x86_64 表示 64 位系统。下载 Anaconda3-2023.07-1-Windows-x86_64 版时，请根据计算机系统类型下载对应的安装程序，如图 1-21 所示。

https://repo.anaconda.com/archive/

Anaconda2-4.2.0-Linux-x86_64.sh	446.0M	2016-09-27 15:49:54	a0d1fbe47014b71c6764d76fb403f217
Anaconda2-4.2.0-MacOSX-x86_64.sh	346.4M	2016-09-27 15:50:02	52f8b74e0c462575efc297c8f4e6cf14
Anaconda2-4.2.0-Windows-x86.exe	324.1M	2016-09-27 15:54:50	f4f12af8811759e56464eef5a484963d
Anaconda2-4.2.0-Windows-x86_64.exe	381.0M	2016-09-27 15:55:47	0a30d509568724dac0ae193e139b9c37
Anaconda3-4.2.0-Linux-x86.sh	373.9M	2016-09-27 15:50:34	7aca10e1ea5b9db0a318b4eed5253747
Anaconda3-4.2.0-Linux-x86_64.sh	455.9M	2016-09-27 15:50:04	4692f716c82deb9fa6b59d78f9f6e85c
Anaconda3-4.2.0-MacOSX-x86_64.sh	349.5M	2016-09-27 15:50:07	7cb61e355eb860e342a5e27236e3f375
Anaconda3-4.2.0-Windows-x86.exe	333.4M	2016-09-27 15:56:30	96e5fe052b22d667da9360fb4edce363
Anaconda3-4.2.0-Windows-x86_64.exe	391.4M	2016-09-27 15:57:21	0ca5ef4dcfe84376aad073bbb3f8db00
Anaconda2-4.1.1-Linux-x86.sh	324.6M	2016-07-08 11:19:57	8813071788e08e236a323b5f7d337759
Anaconda2-4.1.1-Linux-x86_64.sh	399.6M	2016-07-08 11:19:56	f7bb3c0ccf23c9789bb895335aa68bf3
Anaconda2-4.1.1-MacOSX-x86_64.pkg	345.0M	2016-07-08 11:19:59	e88beae19868dc01fae908dd1e067bda
Anaconda2-4.1.1-MacOSX-x86_64.sh	295.8M	2016-07-08 11:20:00	f62a0a47a42504e139a5122ad641b40c
Anaconda2-4.1.1-Windows-x86.exe	286.0M	2016-07-08 11:20:01	b319d6867c67723ba74aef4f9dd35f82
Anaconda2-4.1.1-Windows-x86_64.exe	341.2M	2016-07-08 11:20:01	1db0244dbf02579f452d1b19ce245144
Anaconda3-4.1.1-Linux-x86.sh	329.1M	2016-07-08 11:20:02	0576a0df8987ca62d5c13491102547d9

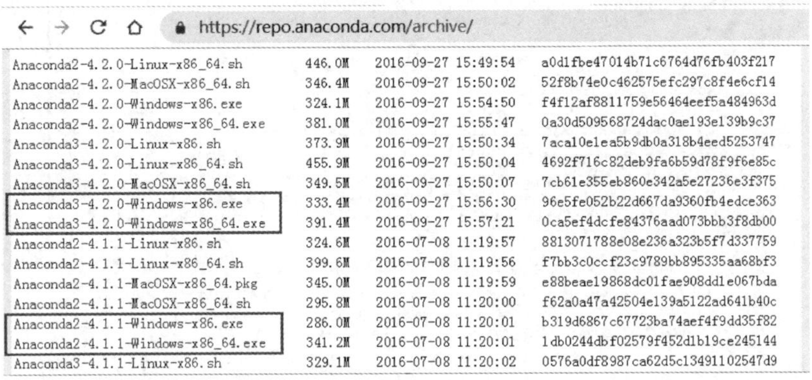

图 1-21　Anaconda 下载选项

2. Anaconda 安装

(1) Anaconda 的安装非常简单，下载成功后，一路单击"Next"按钮即可安装完毕。在安装过程中，注意选择安装路径，尽量不要安装到 C 盘，以免挤占操作系统运行空间，如图 1-22 所示。

(2) 另外注意环境变量的注册。环境变量(Environment Variables)是指用于配置和管理 Python 环境的变量。通过环境变量，用户可以定义和控制 Anaconda 及其相关工具的行为，如指定 Python 解释器的路径、设置包管理器的配置、定义默认的包安装源等。帮助用户在不同的项目和应用之间切换，确保每个项目都有其独立的依赖环境，从而避免版本冲突和依赖问题。需把如图 1-23 所示的两个选项勾选上。

(3) 安装完成后，会在 Windows 启动菜单里面看到 Anaconda，如图 1-24 所示。

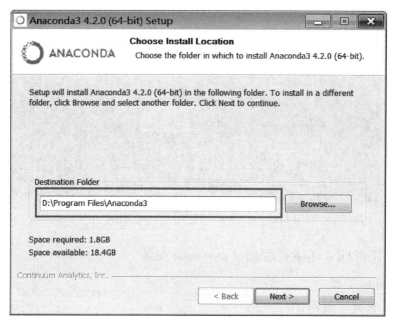

图 1-22　Anaconda 安装路径

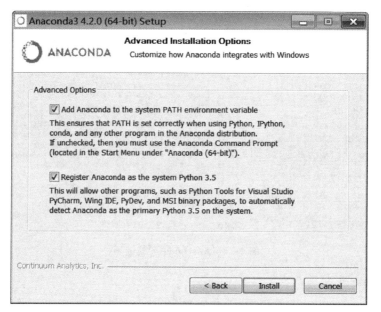

图 1-23　Anaconda 环境变量注册

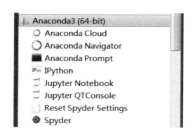

图 1-24　Windows 启动菜单的 Anaconda

如果能够成功打开第一个 Anaconda Navigator(图 1-25),那么表示 Anaconda 安装成功。

图 1-25　Anaconda Navigator 的启动项

1.6.5　任务五：集成开发环境 Spyder 安装

1. Spyder 安装

(1) 打开网页下载里面最新的源码 zip 包(或者.tar.gz 包),在本地解压后,通过 Windows 操作系统的自带的控制面板程序 cmd 的 cd 命令解压到相应目录下,运行如下命令完成安装：

`Python setup.py install`

(2) 安装后,在 Python 安装目录下的 Scripts 下面会有一个 Spyder.bat,运行它就可以启动 Spyder。如果安装计算机的系统变量里包含了这个 Scripts 目录,那么直接在 cmd 程序中输入 Spyder 也可以启动。

2. Spyder 的使用

(1) 在主界面启动 Spyder,如图 1-26 所示。打开后,有三个区域：左侧的编辑区、右上侧的文件导航和帮助、右下侧的 IPython 脚本。如果觉得默认的黑色环境不够美观,可以将编辑区变换一下风格。

(2) 在 IPython 中,也可以直接调用 Python 解释器,用到%run 命令,运行 py 程序文件,比例：%run 123.py。回车后,即可运行 123.py 程序。Spyder 的程序编辑和运行如图 1-27 所示。

1.6.6　任务六：网络抓包软件 Wireshark 安装

1. Wireshark 下载与安装

首先根据计算机配置选择对应版本型号,如图 1-28 所示。然后依次单击"下一步"按钮即可完成安装。

图 1-26　Spyder 环境启动

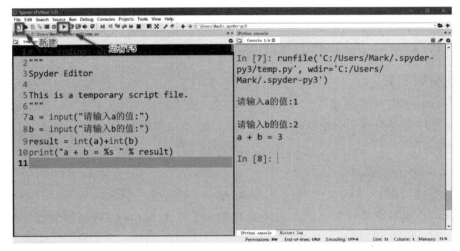

图 1-27　Spyder 中的 Python 程序运行

图 1-28　Wireshark 软件的下载界面

2．需要说明的地方

Wireshark 软件抓取的是所在计算机上某一块网卡的网络包。当计算机上安装有多块网卡时，就需要选择一个网卡。首先单击 Capture→Interfaces，出现如图 1-29 所示对话框。本例中选择正确的网卡。然后单击 Start 按钮，开始抓包。

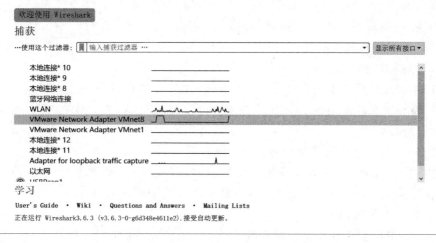

图 1-29　Wireshark 软件的网卡选择

1.7　注意事项

1．备份重要数据

在开始安装任何新软件或操作系统之前，务必备份其计算机上的所有重要数据。VMware Workstation、新操作系统的安装以及实验过程中可能的配置更改都可能会影响到系统稳定性或数据完整性。通过提前备份，可以避免数据丢失的风险。

2．理解并遵守软件许可协议

在下载和安装软件（如 VMware Workstation、Windows Server 2003、Kali Linux 等）时，请仔细阅读并理解软件的许可协议。确保其行为符合法律及学校的规定，避免使用盗版或未经授权的软件版本。

3．虚拟环境的安全隔离

理解使用 VMware Workstation 创建虚拟机来隔离不同操作系统的重要性。这不仅可以保护宿主机免受潜在恶意软件的影响，还能确保实验环境的独立性和可控性，以便在安全的沙箱环境中进行渗透测试和安全审计实验。

4．学习并应用安全最佳实践

在搭建和使用实验环境时，应遵循网络安全和操作系统的最佳实践。例如，为虚拟机设置强密码，定期更新系统和软件补丁，关闭不必要的服务和端口，以及使用防火墙和网络隔离策略来增强安全性。以及如何在 Kali Linux 中安全地执行渗透测试，避免未经授权地访问或损害其他系统。

1.8 思考题

1. 完成上述软件的安装和相应配置。
2. 在虚拟机上安装操作系统需要注意哪些方面？
3. 简述 VMware Workstation 软件的特点和用途。
4. 运行安装好的 Spyder 软件，编写一段 Python 代码，调试运行，直到输出正确结果。
5. 运行安装好的 Wireshark 软件，开启网络抓包、过滤分析。
6. 在 Spyder 软件中如何打开多个 IPython console 进行程序调试？
7. Python 编程经常用到不同版本的各种包，如何用 Anaconda 建立不同的、隔离的 Python 运行环境？
8. 简述 Python 通用安装软件 pip 的常用命令。
9. 如何修改 pip 的软件源仓库地址？试着将默认的国外源仓库地址改为国内镜像地址(如清华大学或阿里云的仓库地址)，提高软件下载安装速度。
10. 关于虚拟机的描述错误的是（　　）。
    A. 虚拟机上每台计算机都有自己的 CPU、硬盘、网卡等硬件设备，可以安装各种计算机软件
    B. 虚拟机可以安装 Windows 系列，也可以安装 Linux 的各个发行版
    C. 虚拟机可以运行在 Windows 上，但不可以运行在 Linux 上
    D. 虚拟机并不能虚拟出无限的资源，虚拟出来的计算机的硬件设备受限于物理机的各个硬件

实验2

古典密码实验

2.1 实验目的

（1）理解古典密码学的基本思想；
（2）掌握典型古典密码算法的原理与特点；
（3）掌握典型古典密码算法的实验实践。

2.2 实验任务

学生两人一组，运用以下密码方式，分别扮演物联网中信息加密发送、解密接收，以及第三方窃密者角色。
任务一：基于移位密码的加解密实验，验证其有效性。
任务二：基于单表替代密码的加解密实验，理解替代原理。
任务三：基于维吉尼亚密码的加解密实验，掌握多表替代技巧。
任务四：基于移位密码的编程实验，增强编程实践能力。

2.3 实验环境

2.3.1 硬件环境

安装 Microsoft Windows 操作系统的计算机 1 台。

2.3.2 软件环境

密码工具：CAP4、CrypTool、CaptfEncoder 等。
C/C++、Python 及 Java 等语言编译环境。

2.4 实验学时与要求

学时：2 学时。
要求：独立完成实验任务，撰写实验报告。

2.5 理论提示

密码学(Cryptology)作为数学的一个分支,是密码编码学(Cryptography)和密码分析学(Cryptanalysis)的统称。密码学通过加密变换,将可读的信息变换为不可理解的乱码,从而起到保护信息和数据的作用,直接支持机密性、完整性和不可否认性。当前信息安全的主流技术和理论都是基于以算法复杂性理论为特征的现代密码学的。密码学的发展历程大致经历了三个阶段:古代加密方法(手工阶段)、古典密码(机械阶段)和近代密码(计算机阶段)。

古代、古典密码算法曾经被广泛应用,大都比较简单,使用手工和机械操作来实现加密(encrypt)和解密(decrypt)。它的主要对象是文字信息,利用密码算法实现文字信息的加密和解密(不区分大小写字母)。古典密码学可以分为替代密码和置换密码两类,替代密码(substitution cipher)就是明文中的每一个字符按照替换表(密钥)被替换成密文中的另一个字符,生成无任何意义的字符串,即密文;接收者对密文做反向替换就可以恢复出明文。置换密码(permutation cipher)又称换位密码(transposition cipher),是指明文的字母保持相同,但顺序被打乱了,形成无意义的字符串,即密文。

密码学中的五元组为{明文、密文、密钥、加密算法、解密算法},对应的加密方案称为密码体制。明文是作为加密输入的原始信息,通常用 m 表示,明文空间通常用 M 表示;密文是明文加密变换后的结果,通常用 c 表示,密文空间通常用 C 表示;密钥是参与密码转换的参数,通常用 k 表示,密钥空间通常用 K 表示;加密算法是将明文变换为密文的变换函数,加密过程通常用 E 表示,即 $c=E_k(m)$;解密算法是将密文恢复为明文的变换函数,解密过程通常用 D 表示,即 $m=D_k(c)$。

2.5.1 典型古典密码

1. 移位密码

移位密码是传统的替代加密法,又称为 Caesar 密码或恺撒密码。它通过将明文中的每个字符按照一定的规则进行位置上的移动来实现加密。这种加密方法的基本思想是将明文中的字符按照某种顺序排列后,再根据密钥的不同,对这些字符进行重新排列,从而得到密文当没有发生加密(即没有发生移位)之前,其置换表如表 2-1 所示。

表 2-1 Caesar 置换表

	对 应 位											
原始信息	a	b	c	d	e	f	g	h	i	j	k	l	m
对应信息	A	B	C	D	E	F	G	H	I	J	K	L	M
原始信息	n	o	p	q	r	s	t	u	v	w	x	y	z
对应信息	N	O	P	Q	R	S	T	U	V	W	X	Y	Z

加密时每一个字母向前推移 k 位,例如,当 $k=5$ 时,置换表如表 2-2 所示。

表 2-2 Caesar 移位 $k=5$ 的置换表

	对 应 位											
原始信息	a	b	c	d	e	f	g	h	i	j	k	l	m
置换信息	F	G	H	I	J	K	L	M	N	O	P	Q	R

续表

	对应位												
原始信息	n	o	p	q	r	s	t	u	v	w	x	y	z
置换信息	S	T	U	V	W	X	Y	Z	A	B	C	D	E

对于明文：data security has evolved rapidly，去除空格，经过加密就可以得到密文：IFYFXJHZWNYDMFXJATQAJIWFUNIQD。若令 26 个字母分别对应整数 0～25，如表 2-3 所示。

表 2-3 Caesar 置换表

	对应位												
原始信息	a	b	c	d	e	f	g	h	i	j	k	l	m
置换信息	0	1	2	3	4	5	6	7	8	9	10	11	12
原始信息	n	o	p	q	r	s	t	u	v	w	x	y	z
置换信息	13	14	15	16	17	18	19	20	21	22	23	24	25

则移位密码变换的过程如式(2-1)所示：

$$c = E_k(m) = (m+k) \bmod 26 \tag{2-1}$$

其中，m 是明文对应的数据，c 是与明文对应的密文数据，k 是加密用的参数，也称为密钥，mod 是取模运算；并且 m、c、k 是满足 $0 \leqslant m, c, k \leqslant 25$ 的整数。

很容易得到相应的凯撒密码解密变换如式(2-2)所示：

$$m = D_k(c) = (c-k) \bmod 26 \tag{2-2}$$

例如，明文 datasecurity 对应的数据序列为 3019018422017819 24；

当 $k=5$ 时，经过加密变换得到密文序列为 8524523972522132 43；

对应的密文为 IFYFXJHZWNYD。

在信息接收方已知加密参数 k 的情况下，恺撒密码的解密是非常简单的。如果第三方窃密者不知道加密参数 k，但是仍然可以采用穷举法对 k 值从 1～25 进行尝试解密，直至获得正确含义的明文。

2. 单表替代密码

单表替代密码是指每个明文字母被替换为另一个固定的字母。这种类型的加密方法通常涉及一个"字表"，也称为"置换表"(如表 2-4 所示)，即一个将明文字母映射到密文字母的表格，每个字母都按照这个表格进行替换，从而生成密文。例如，前面提及的移位密码本质上就是一种简单的单表替代密码，其中每个字母在字母表中向后移动固定数目的位置。如果移动三个位置，那么 A 会变成 D，B 变成 E，依此类推。

表 2-4 原始置换表

	对应位												
原始信息	a	b	c	d	e	f	g	h	i	j	k	l	m
置换信息	A	B	C	D	E	F	G	H	I	J	K	L	M
原始信息	n	o	p	q	r	s	t	u	v	w	x	y	z
置换信息	N	O	P	Q	R	S	T	U	V	W	X	Y	Z

在单表置换算法中，密钥是由一组英文字符和空格组成的，称为密钥词组。例如，当输入密钥词组 HELLOWORLD 后，对应的置换表如表 2-5 所示。

表 2-5 置换表

原始信息	对应位												
原始信息	a	b	c	d	e	F	g	h	i	j	k	l	m
置换信息	H	E	L	O	W	R	D	A	B	C	F	G	I
原始信息	n	o	p	q	r	s	t	u	v	w	x	y	z
置换信息	J	K	M	N	P	Q	S	T	U	V	X	Y	Z

表 2-5 中，HELOWRD 是密钥词组 HELLOWORLD 略去重复出现的字符 L、O 后的结果，后面 ABCFGIJKMNPQSTUVXYZ 是密钥词组中未出现的字母按照 26 个英文字母表顺序排列而成的。密钥词组可作为密码的标志，知道密钥词组即可掌握字母加密与解密的全过程。在保密通信中，发信方和接收方使用同一个密钥进行信息的加密处理和解密还原。

单表替代密码算法的密钥空间极大，为 $26! = 26 \times 25 \times \cdots \times 1 \approx 2^{88}$，采取穷举法进行破解不太现实（按目前计算机运行性能至少需耗用上百年时间）。然而，在单表替代密码算法中，一个字母被另一个字母替代，形成杂乱无序、很难猜测的密文，但是字母出现频率和重复模式都得到了保留，因此单表替代密码可以通过词频统计分析进行破译。图 2-1 是由统计学得出的英文字母相对频率表。可以看出，英文字母 E 出现的频率最高，而 J 和 Z 出现的频率最低，这样，就可以通过英文字母出现的频率大致上判定单表替代密码的字母置换规则，从而得到明文。

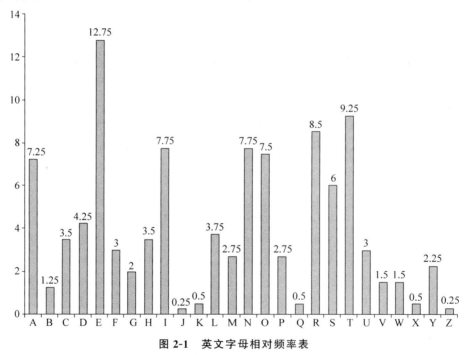

图 2-1 英文字母相对频率表

3. 多表替代密码

由于频率分析法可以有效的破解单表替换密码，法国密码学家维吉尼亚于 1586 年提出多表替换密码，多表替换密码通过使用多个替换表来加密数据。在传统的单表替代密码中，每个字符都根据一个固定的替换规则被替换成另一个字符。而在多表替代密码中，这种替换规则不是固定的，而是根据某种算法动态变化的，因此提高了密码破解难度。下面以典型的多表替代密码——维吉尼亚(Vigenenre)密码进行详细说明。

维吉尼亚密码使用不同的移位密码来加密不同的字母。一个称为"密钥"的短语或单词被用来决定每个明文字母的对应密文字母。这个过程涉及将密钥中的字母与明文中的字母进行某种形式的组合,通常是通过创建一个称为"维吉尼亚表"的表格来实现(如表 2-6 所示)。维吉尼亚表是一个由 26 个字母组成的矩阵,每一行都由前一行向左偏移一位得到。具体使用哪一行字母表进行明文替换是基于密钥进行的,在过程中会不断地变换。维吉尼亚密码加密的具体步骤如下:

(1) 首先确定一个密钥,这个密钥由字母组成,最少一个,最多可与明文字母数量相等。密钥字母数量最终须扩展到与明文字母数量相同。

例如:明　　　文:SECRETMESSAGE
　　　密　　　钥:CODE
　　　扩展为密钥:CODECODECODEC

(2) 以密钥中的字母为行,明文中的字母为列,对照表 2-6 所示的维吉尼亚表,从中提取对应的字母来替换明文中的对应字母。例如,明文的第一个字母为 S,密钥的第一个字母为 C,对应表 2-6,则密文的第一个字母为 U。依次类推,明文 SECRETMESSAGE 对应的密文 7 为 USFVGHPIUGDKG。

表 2-6　维吉尼亚表

	a	b	c	d	e	f	g	h	i	j	k	l	m	n	o	p	q	r	s	t	u	v	w	x	y	z
a	A	B	C	D	E	F	G	H	I	J	K	L	M	N	O	P	Q	R	S	T	U	V	W	X	Y	Z
b	B	C	D	E	F	G	H	I	J	K	L	M	N	O	P	Q	R	S	T	U	V	W	X	Y	Z	A
c	C	D	E	F	G	H	I	J	K	L	M	N	O	P	Q	R	S	T	U	V	W	X	Y	Z	A	B
d	D	E	F	G	H	I	J	K	L	M	N	O	P	Q	R	S	T	U	V	W	X	Y	Z	A	B	C
e	E	F	G	H	I	J	K	L	M	N	O	P	Q	R	S	T	U	V	W	X	Y	Z	A	B	C	D
f	F	G	H	I	J	K	L	M	N	O	P	Q	R	S	T	U	V	W	X	Y	Z	A	B	C	D	E
g	G	H	I	J	K	L	M	N	O	P	Q	R	S	T	U	V	W	X	Y	Z	A	B	C	D	E	F
h	H	I	J	K	L	M	N	O	P	Q	R	S	T	U	V	W	X	Y	Z	A	B	C	D	E	F	G
i	I	J	K	L	M	N	O	P	Q	R	S	T	U	V	W	X	Y	Z	A	B	C	D	E	F	G	H
j	J	K	L	M	N	O	P	Q	R	S	T	U	V	W	X	Y	Z	A	B	C	D	E	F	G	H	I
k	K	L	M	N	O	P	Q	R	S	T	U	V	W	X	Y	Z	A	B	C	D	E	F	G	H	I	J
l	L	M	N	O	P	Q	R	S	T	U	V	W	X	Y	Z	A	B	C	D	E	F	G	H	I	J	K
m	M	N	O	P	Q	R	S	T	U	V	W	X	Y	Z	A	B	C	D	E	F	G	H	I	J	K	L
n	N	O	P	Q	R	S	T	U	V	W	X	Y	Z	A	B	C	D	E	F	G	H	I	J	K	L	M
o	O	P	Q	R	S	T	U	V	W	X	Y	Z	A	B	C	D	E	F	G	H	I	J	K	L	M	N
p	P	Q	R	S	T	U	V	W	X	Y	Z	A	B	C	D	E	F	G	H	I	J	K	L	M	N	O
q	Q	R	S	T	U	V	W	X	Y	Z	A	B	C	D	E	F	G	H	I	J	K	L	M	N	O	P
r	R	S	T	U	V	W	X	Y	Z	A	B	C	D	E	F	G	H	I	J	K	L	M	N	O	P	Q
s	S	T	U	V	W	X	Y	Z	A	B	C	D	E	F	G	H	I	J	K	L	M	N	O	P	Q	R
t	T	U	V	W	X	Y	Z	A	B	C	D	E	F	G	H	I	J	K	L	M	N	O	P	Q	R	S
u	U	V	W	X	Y	Z	A	B	C	D	E	F	G	H	I	J	K	L	M	N	O	P	Q	R	S	T
v	V	W	X	Y	Z	A	B	C	D	E	F	G	H	I	J	K	L	M	N	O	P	Q	R	S	T	U
w	W	X	Y	Z	A	B	C	D	E	F	G	H	I	J	K	L	M	N	O	P	Q	R	S	T	U	V
x	X	Y	Z	A	B	C	D	E	F	G	H	I	J	K	L	M	N	O	P	Q	R	S	T	U	V	W
y	Y	Z	A	B	C	D	E	F	G	H	I	J	K	L	M	N	O	P	Q	R	S	T	U	V	W	X
z	Z	A	B	C	D	E	F	G	H	I	J	K	L	M	N	O	P	Q	R	S	T	U	V	W	X	Y

历史上以维吉尼亚密表为基础又演变出很多种加密方法。在密钥未知情况下,维吉尼亚密码系列算法一度被认为是"无法破解"的。维吉尼亚密码的优点在于它的简单性和易于理解,但它也有明显的缺点,主要是安全性较低。由于密钥的长度和复杂性直接影响到加密的安全性,因此使用较短或简单的密钥可能会使加密变得容易被破解。破解维吉尼亚密码的关键在于它的密钥是循环重复的,如果知道了密钥的长度,破解难度就会降低。此外,一旦密钥被泄露,整个加密系统就会失效。

破解维吉尼亚密码的步骤通常包括以下几个关键环节:

(1) 确定密钥长度:首先,需要通过一些方法来估计或确定密钥的长度。常见的方法有 Kasiski 测试和重合指数法。这些方法利用了英文中某些单词(如"the")在文本中出现频率较高的特点,通过寻找重复模式来推断出密钥的长度。

(2) 分组处理:一旦知道密钥长度,就可以将整个密文分成若干与密钥长度相等的部分。每个部分对应一个单独的恺撒密码。

(3) 单个密钥的破解:对于每一段密文,可以使用频率分析等技术进行解密。频率分析是基于字母在自然语言中的出现频率来进行的,例如,在英语中,"e"是最常见的字母。通过对每段密文进行频率统计,并与标准英语字母频率对比,可以推测出该段使用的恺撒移位数。

(4) 恢复明文:通过上述步骤,可以逐步还原出各部分的明文。最后,将所有部分拼接起来,得到完整的明文信息。

总结来说,破解维吉尼亚密码的关键在于先确定密钥长度,然后对每段密文分别进行恺撒密码的破解。这一过程依赖对密文的细致分析以及对语言特征的理解。

2.5.2 典型加解密工具软件

1. 软件 CrypTool

CrypTool 是一款非常实用的密码学工具,可以帮助用户进行多种密码操作,如加密、解密、破解等。CrypTool 的研发始于 1988 年,最初目的是提高德意志银行员工的计算机安全意识。目前,CrypTool 已成为开源软件,60 多位志愿者为其提供了 200 多个密码学的算法实现功能,被多所著名大学采用。主要功能包括古典密码学和现代密码学的所有算法,如恺撒密码、维吉尼亚密码、置换加密算法等古典密码学算法和 DES、AES、RSA 等现代密码学算法;还包括了消息认证、数字签名等其他信息安全功能的实现,以及安全协议如密钥交换协议 Diffie-Hellman 的分布实现过程,还有一些重要算法如 DES 算法的动态演示过程,并通过封装对外提供可视化的图形界面。

2. 软件 CAP4

CAP4 是一种密码破解工具,它可以帮助安全专家和研究人员在密码分析、取证和渗透测试等方面进行工作。它的功能包括攻击各种密码类型,如文本密码、Windows 密码、RAR 和 ZIP 文件密码等。CAP4 还具有多线程支持,可以提高破解速度,并支持 GPU 加速,使其更加快速和高效。CAP4 可以在其官方网站下载。在安装之前,应确保计算机已经安装了相应的依赖项和库。打开 CAP4 后,只需要导入需要破解密码的文件,如加密的文本文件、RAR 或 ZIP 压缩文件等。CAP4 支持多种不同类型的攻击,如字典攻击、暴力攻击等,根据需要选择合适的攻击类型。然后,根据选择的攻击类型,设置相应的攻击参数,如字典文件的路径、最大密码长度、字符集等。完成了上述配置，就可以启动攻击过程了。CAP4将开始尝试使用不同的密码来解密文件，直到找到正确的密码为止。

需要注意的是，使用 CAP4 进行密码破解可能是非法的，除非已经获得了授权或已获得了文件的所有权。此外，在实际使用 CAP4 时，还需要仔细考虑攻击对目标系统和数据的安全性和完整性可能造成的风险和后果。

3. 软件 CaptfEncoder

CaptfEncoder 是一款可扩展跨平台网络安全工具套件，提供网络安全相关编码转换、古典密码、密码学、非对称加密、特殊编码、杂项等工具，并聚合各类在线工具。CaptfEncoder v3 版本使用 Rust 开发，可执行程序体积小（Windows 操作系统下 6MB 左右，其他操作系统下 10MB 左右），速度更快、性能更优、功能更强。用户在使用该程序时可以快速地查找到相关工具，支持各种不用的密码加密方式，提供网络安全相关编码转换、古典密码、密码学、特殊编码等工具；该软件中包含了各种编码转换工具，支持 Windows、Linux、macOS 多平台，提供了诸多专业的网络工具，支持 IP 查询，显示当前访问的 IP 信息，域名 IP 显示，支持多种国外编码选择等。

2.6 实验指导

2.6.1 任务一：基于移位密码的加解密实验

1. 手工加密

假设密钥参数 $k=3$，明文 M 为"I love IoT security"，请手工计算密文 C，$C=$ _____。

2. 工具软件加密与解密

实验参数同上，用工具软件 CAP4、CrypTool、CaptfEncoder 或在线密码网站加密明文，解算密文，比较结果是否正确一致。

下文以软件 CaptfEncoder 和 CAP4 为例进行演示，单击 CaptfEncoder v1.3.0 左边的 ☰，单击侧古典密码→Caesar Cipher(凯撒密码)，如图 2-2 所示，单击 CAP4 图标，如图 2-3 所示。

3. 已知部分信息条件下的密码破解

现有密文 $C=$ kqfl nx{ymj ifd nx xzssd fsi n fr ajwd mfuud}，采用移位密码法求解明文 M：flag is{_____}，秘钥 k 为_____。

提示：已知密文 kqfl nx 对应的明文为 flag is，在已知为移位密码法加密的基础上，由此可以推算出秘钥 k 是什么，再由此破解出其他密文。

4. 密文的盲破解

密文的盲破解是指在不直接查看或解密密文内容的情况下，通过某种方式获取密文中包含的信息或数据的过程。这种技术通常用于保护用户的隐私和数据安全，尤其是在多用户场景下，如物联网的云存储服务中。甲、乙学生分别选择不同的密钥参数和明文进行加密，然后通过网络共享方式交换彼此密文，在对方密钥参数未知情况下，对接收的密文进行

图 2-2　CaptfEncoder 加密与解密示意图

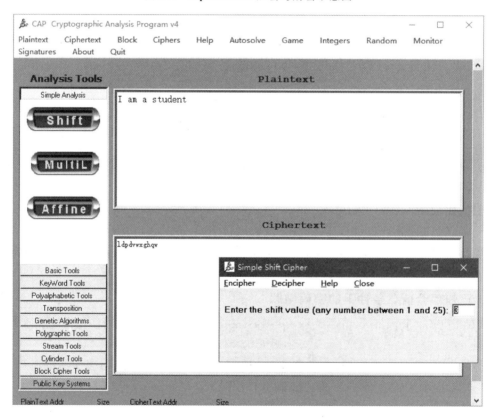

图 2-3　CAP4 加密与解密示意图

破解,得到明文和密钥参数。

密文 C = N fr f rniiqj xhmttq xyzijsy tk xncyjjs

求解出的明文 M 为_____,密钥 k 为_____。

提示：对于某些加密算法，特别是古典加密方法，如恺撒密码或维吉尼亚密码，可以通过统计分析密文中字母出现的频率来推断出可能的明文。这种方法依赖语言的统计特性，如英语中字母"e"的出现频率最高。

2.6.2　任务二：基于单表替代密码的加解密实验

1. 手工加密

加密算法为：根据英文字母表，将明文字母后移 k 个字母作为密文，假设密钥词组 $k=$ "student"，明文 M 为"I love information security"，则针对 26 个字母表，加密置换表为 _____ _____。密文 $C=$ _____。

2. 工具软件加密与解密

参数同上，用工具软件 CAP4、CrypTool 或在线密码网站加密明文，解算密文，比较结果是否正确一致。

3. 已知部分信息条件下的密码破解

现有密文 $C=$ aiwb fr {scd nwy fr rtlly wln f wj udqy cwooy}，采用单表替代加密法求解明文 M：flag is {_____}，密钥 k 为 _____。

4. 密文的盲破解

在仅知道加密方式和密文信息条件下，对明文和密钥进行猜测和破解。甲、乙学生分别选择不同的密钥参数和明文进行加密，然后通过网络共享方式交换彼此密文，在对方密钥未知情况下，对接收的密文进行破解，得到明文和密钥。可利用 CAP4 辅助分析进行半手工破解，也可利用在线网站(如 https://quipqiup.com/)进行分析破解。须记录求解主要过程和参数。

密文样本 1：

ftkehamkflbkmphtlckmphwmppfhctemussdfqnpmejhkeusfcmlmsimwldmwsmjmqhwhfbdsoufaijy

或

f tk ehamkflb kmph tlc kmph wmppfhc temus sdfq npmejhk eus f cm lms imwl dmw sm jmqh whfbds oufaijy

2.6.3　任务三：基于维吉尼亚密码的加解密实验

1. 手工加密

假设密钥 $k=$ "sky"，明文 M 为"I love information security"，请对照维吉尼亚表手工计算密文，密文 $C=$ _____。

2. 工具软件加密与解密

参数同上，用工具软件 CAP4、CrypTool 或在线密码网站加密明文，解算密文，比较结果是否正确一致。

3. 已知部分信息条件下的密码破解

现有密文 $C=$ fetg kc {tax dci il lupxy tgd k km oxra raiiy}，采用维吉尼亚加密法求解明文 M：flag is {_____}，密钥 k 为 _____。

4. 密文的盲破解

在仅知道加密方式和密文信息条件下,对明文和密钥进行猜测和破解。甲、乙学生分别选择不同的密钥和明文进行加密,然后通过网络共享方式交换彼此密文,在对方密钥未知情况下,对接收的密文进行破解,得到明文和密钥。可利用 CAP4 辅助分析进行半手工破解,也可利用在线网站(如 https://www.guballa.de/vigenere-solver)进行分析破解。须记录求解主要过程和参数。

参考密文样本 1:

kychfuijhqtcytwvtusjeimygrtmoixrhkkhedukuxdwftddmoiluwrireaqfmxesyjopxwoppdxeyihjwxidihcgzxhszmwzketzwfqhosxgaavaatpsmrzlpusfxhiodoooerskgolwmchooipmwvspylxzyodhoxsgggr

参考密文样本 2:

amulqaplwikopzsdebfhwzbzjkufeiwz

参考密文样本 3:

bemdlgffmnitsixenftsixaotymvwebqbxkamsrysseimdbxzwsnqaofprhqdxfessgdizzltsbmtdpy

2.6.4 任务四:基于移位密码的编程实验

利用 Caesar 加密算法对文件进行加密。C 语言源码示例如下:

```c
/******************************************************/
//    工程:Caesar
//    功能:Caesar 加密解密文件
//    作者:佚名
/******************************************************/

#include <stdio.h>
#include <string.h>
#include <stdlib.h>
#include "Caesar.h"

#define CHAR_SIZE     26
#define DECRYPT_FILE  "Caesar 密文.txt"
#define ENCRYPT_FILE  "Caesar 明文.txt"
/******************************************************/
//    名称:Caesar_encrypt
//    功能:Caesar 加密
//    参数:k:密钥; m:明文; c:加密后的密文
//    返回:无
//    备注:Caesar 加密变换: c = (m + k) mod 26
/******************************************************/
void Caesar_encrypt(int k, char * m, unsigned int mLen, char * c)
{
    unsigned int i = 0;
    for (i = 0; i < mLen; i++)
    {
        if (m[i] >= 'a' && m[i] <= 'z' - k)
        {
            c[i] = (m[i] - 'a') + ('A' + k);
```

```c
            }
            else if (m[i] >= 'a' && m[i] > 'z' - k)
            {
                c[i] = (m[i] - 'z' - 1) + ('A' + k);
            }
            else if (m[i] >= 'A' + k && m[i] <= 'Z')
            {
                c[i] = (m[i] - 'A' - k) + 'a';
            }
            else if (m[i] >= 'A' && m[i] < 'A' + k)
            {
                c[i] = (m[i] - 'A') + ('z' + 1 - k);
            }
            else
            {
                c[i] = m[i];
            }
        }
    c[i] = '\0';
}
/******************************************************************/
//   Caesar_decrypt
//   功能:Caesar 解密
//   参数:k:密钥; c:密文; m:解密后的明文
//   返回:更新成功返回 true,否则返回 false
//   备注:Caesar 解密变换: m = (c - k) mod 26

/******************************************************************/
void Caesar_decrypt(int k, char * c, unsigned int cLen, char * m)
{
    unsigned int i = 0;
    for (i = 0; i < cLen; i++)
    {
        if (c[i] >= 'A' + k && c[i] <= 'Z')
        {
            m[i] = (c[i] - 'A' - k) + 'a';
        }
        else if (c[i] >= 'A' && c[i] < 'A' + k)
        {
            m[i] = (c[i] - 'A') + ('z' + 1 - k);
        }
        else if (c[i] >= 'a' && c[i] <= 'z' - k)
        {
            m[i] = (c[i] - 'a') + ('A' + k);
        }
        else if (c[i] > 'z' - k && c[i] <= 'z')
        {
            m[i] = (c[i] + k - 'z' - 1) + 'A';
        }
        else
            m[i] = c[i];
    }
    m[i] = '\0';
```

```
}

/***************************************************************/
//  名称:usage
//  功能:帮助信息
//  参数:应用程序名称
//  返回:提示信息

/***************************************************************/
void Usage(const char * appname)
{
    printf("\n\tusage: caesar -e 明文文件 密钥 k\n");
    printf("\tusage: caesar -d 密文文件 密钥 k\n");
}

/***************************************************************/
//  名称:CheckParse
//  功能:校验应用程序入口参数
//  参数:argc 等于 main 主函数 argc 参数,argv 指向 main 主函数 argv 参数
//  返回:若参数合法返回 true,否则返回 false
//  备注:简单的入口参数校验

/***************************************************************/
bool CheckParse(int argc, char ** argv)
{
    if(argc != 5 ||
        (argv[2][1] != 'e' && argv[2][1] != 'd'))
    {
        Usage(argv[0]);
        return false;
    }

    return true;
}

/***************************************************************/
//  名称:ContrastTable
//  功能:由密钥 iKey 生成密文对照表
//  参数:iKey: 密钥 k; outTable: 密文对照表
//  返回:无
//  备注:密文对照表均为大写字母

/***************************************************************/
void ContrastTable(int iKey, char * outTable)
{
    int i = 0, k = 0;

    if (!outTable)
        return;

    memset(outTable, 0, CHAR_SIZE);
    k = iKey % CHAR_SIZE;
    for (i = 0; i < CHAR_SIZE; i++)
```

```c
    {
        outTable[i] = 'A' + i;
    }

    for (i = 0; i < CHAR_SIZE; i++)
    {
        if (outTable[i] + k > 'Z')
            outTable[i] = outTable[i] + k - 'Z' + 'A' - 1;
        else
            outTable[i] = (outTable[i] + k);
    }
    outTable[i] = '\0';
}

/******************************************************************/
// 名称:ShowTable
// 功能:密文对照表控制台输出显示
// 参数:outTable: 密文对照表
// 返回:无

/******************************************************************/
void ShowTable(const char * outTable)
{
    int i = 0;

    printf("明文和密文对照表\n");
    for (i = 0; i < CHAR_SIZE; i++)
    {
        printf(" %c ", 'a' + i);
    }
    printf("\n");

    for (i = 0; i < CHAR_SIZE; i++)
    {
        printf(" %c ", outTable[i]);
    }
    printf("\n");
}

//! 程序主函数
int main(int argc, char ** argv)
{
    bool BOOL;
    char outTable[CHAR_SIZE + 1];
    int argv4;
    sscanf_s(argv[4], " %d", &argv4);
    ContrastTable(argv4, outTable);
    ShowTable(outTable);
    BOOL = CheckParse(argc, argv);
    if (BOOL)
    {
        if (argv[2][1] == 'e')
        {
```

```
                unsigned int eLen = 0;
                char enCode[100], deCode[100];
                printf("请输入明文进行加密操作:\n");
                gets_s(enCode);
                eLen = strlen(enCode);
                Caesar_encrypt(argv4, enCode, eLen, deCode);
                printf("加密后的密文:%s\n", deCode);
            }
            else if (argv[2][1] == 'd')
            {
                unsigned int dLen = 0;
                char enCode[100], deCode[100];
                printf("请输入密文进行解密操作:\n");
                gets_s(deCode);
                dLen = strlen(deCode);
                Caesar_decrypt(argv4, deCode, dLen, enCode);
                printf("解密后的明文:%s\n", enCode);
            }
        }
        return 0;
    }
```

2.7 注意事项

古典密码中明文和密文只包含26个英文字母,不区分大小写(即统一用大写或小写),不包括标点符号、数字和空格等格式符号。如果明文、密文中存在空格、数字和标点符号,加密前必须手工过滤,解密后再对密文原位置上的空格和标点符号进行手工填补恢复,提高可阅读性。

明文应是由英文单词组成的有意义的英文句子或段落,不能是中文、中文拼音以及中文标点符号等。因此,在Windows系统下尽量用"记事本"软件(Notepad)或者Notepad++,而不是Word、WPS等办公软件来编辑明文,同时须注意有些全角字符在"记事本"是不可显示的,在复制粘贴时,这些不可显示字符也会被复制,将导致在一些非中文工具软件(如CAP4)的文本信息处理乱码。检测的方式是:在"记事本"中将明文信息保存为.txt文本文档时,编码格式选择"ANSI",不要选择默认的"UTF-8"编码。

做维吉尼亚密码实践练习时,明文不能太简短。太简短的句子无法获得准确的词频统计数据,可能导致求解结果不准确或求解失败。

密码算法的编程实践环节,要求学生具备一定的C/C++,或者Python、Java等语言的编程基础。

2.8 思考题

1. 基于移位密码的加解密实验在军事物联网中的应用。在军事物联网中,为了快速且低复杂度地保护传感器之间的通信数据,考虑使用移位密码(一种简单的加密方法,如凯撒密码)进行加密。请思考:

（1）如何确定一个合适的移位量（密钥），以确保通信安全的同时，不增加过多的计算负担？

（2）面对敌方可能的暴力破解尝试，如何通过动态改变移位量（如基于时间戳或传感器ID）来增强加密的安全性？

（3）在军事物联网的实时性要求下，移位密码的加解密速度如何满足快速通信的需求？

2. 基于单表替代密码的加解密实验与军事信息隐蔽性。单表替代密码（如简单替换密码）在军事物联网中可能用于加密关键指令或坐标信息。请分析：

（1）如何设计一个有效的单表替代密码表，使其既难以被敌方破解，又能方便己方人员记忆和使用？

（2）当需要传输的信息包含大量数字或特殊字符时，如何调整单表替代密码的规则，以确保信息的完整性和隐蔽性？

（3）讨论单表替代密码在军事物联网中可能遇到的局限性，并提出可能的改进方案。

3. 维吉尼亚密码在军事通信中的策略应用。维吉尼亚密码（一种多表替代密码）因其复杂性和灵活性，在军事通信中有潜在的应用价值。请思考：

（1）如何为不同的通信渠道或不同类型的信息分配不同的密钥长度或密钥模式，以提高通信的安全性和灵活性？

（2）在紧急情况下，如何快速向多个接收方传达相同的加密信息，同时保持弗吉尼亚密码的加密效果？

（3）分析维吉尼亚密码在军事物联网中抵御敌方情报分析的能力，并提出可能的防御策略。

4. 基于移位密码的编程实验与军事物联网实时加密需求。编写一个基于恺撒密码算法的加密解密程序，并考虑其在军事物联网中的实时加密需求。请讨论：

（1）如何优化移位密码的加密解密算法，以满足军事物联网中数据传输的高速和实时性要求？

（2）在程序中实现密钥的动态生成和分发机制，确保每个通信会话都有独立的密钥，以提高安全性。

（3）考虑军事物联网中可能出现的通信中断或数据丢失情况，如何设计加密解密程序的错误处理和恢复机制？

实验 3

基于DES算法的加解密实验

3.1 实验目的

(1) 理解现代密码学的基本思想；
(2) 掌握典型对称密码算法 DES 的原理与特点；
(3) 掌握典型对称密码算法 DES 的编程实现与应用。

3.2 实验任务

学生两人一组，通过工具软件或编程的方式，基于 DES 算法对消息进行加、解密，分别扮演信息加密发送、解密接收角色，以及第三方窃密者角色。具体包括如下任务：

任务一：基于工具软件的 DES 算法加解密实现。
任务二：基于 Python 语言的 DES 加解密编程实现。
任务三：基于 DES 算法的密文破解实验。
任务四：DES 算法的编程扩展实验。

3.3 实验环境

3.3.1 硬件环境

安装 Microsoft Windows 操作系统的计算机 1 台。

3.3.2 软件环境

密码工具：CAP4、CrypTool、CaptfEncoder 等。
C、C++、Python、Java 等语言编译环境。

3.4 实验学时与要求

学时：2 学时。

要求：独立完成实验任务，撰写实验报告。

3.5 理论提示

3.5.1 现代密码体制

现代密码学中出现的密码体制从原理上可分为两大类，即对称密码体制和非对称密码体制。对称密码体制也称为单密钥密码体制，基本特征是加密密钥与解密密钥相同或能相互推导，根据其对明文的处理方式可分为流密码（如 RC4 算法）和分组密码（典型算法有 DES 算法、3DES 算法、AES 算法等），其原理框图如图 3-1(a)所示。非对称密码体制也称为公开密钥密码体制、双密钥密码体制，其加密密钥和解密密钥不同且不能相互推导，形成一个密码对，加密密钥因为可以公开，所以称为公钥；解密密钥因为必须保密，所以称为私钥。用其中一个密钥加密的结果可以用另一个密钥来解密，其原理框图如图 3-1(b)所示，典型算法有 RSA 算法、DSA 算法、ECC 算法等。

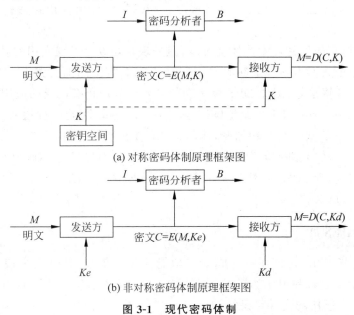

(a) 对称密码体制原理框架图

(b) 非对称密码体制原理框架图

图 3-1 现代密码体制

图 3-1 描述了现代密码体制中对称密码体制和非对称密码体制的原理框架，其中，M 表示明文；C 表示密文；E 表示加密算法；D 表示解密算法；K 表示对称密码体制的密钥；Ke 和 Kd 分别表示非对称密码体制的公钥和私钥，I 表示密码分析员进行密码分析时掌握的相关信息；B 表示第三方密码分析员对密文 C 的分析和猜测。

对称密码体系加密和解密时所用的密钥是相同的或者是类似的，即由加密密钥可以很容易地推导出解密密钥，反之亦然。同时，在一个密码系统中，不能假定加密算法和解密算法是保密的,因此密钥必须保密。发送信息的通道往往是不可靠的或者不安全的,所以在对称密码系统中,必须用不同于发送信息的另外一个安全信道来发送密钥。非对称密码算法使用具有配对关系的两个不同密钥,一个可公开,称为公钥;另一个只能被密钥持有人自己秘密保管,且不能基于公钥推导出,称为私钥。用公钥对明文加密后,仅能使用与之配对的私钥解密,才能恢复出明文,反之亦然。因为公钥加密的信息只有私钥解得开,那么只要私钥不泄露,明文就是安全的。

3.5.2 DES 和 3DES 算法

数据加密标准(Data Encryption Standard,DES)是由 IBM 公司研制的一种对称密码算法,也就是说它使用同一个密钥来加密和解密数据,并且加密和解密使用的是同一种算法,具有算法公开、加密强度大、运算速度快等优点。美国国家标准局于 1977 年公布把它作为非机要部门使用的数据加密标准。DES 算法还是一种分组加密算法。所谓分组加密算法就是对一定大小的明文或密文来做加密或解密动作。算法每次处理固定长度的数据段,称为分组。DES 分组的大小是 64 位(8 字节),如果加密的数据长度不是 64 位的倍数,就可以按照某种具体的规则来填充位。对大于 64 位的明文按每 64 位一组进行切割,而对小于 64 位的明文只要在后面补"0"即可。另外,DES 算法所用的加密或解密密钥也是 64 位大小,但因其中有 8 个位是奇偶校验位,所以 64 位中真正起密钥作用的只有 56 位,密钥过短也是 DES 算法最大的缺点。DES 算法保密性依赖密钥,因此保护密钥异常重要。

虽然有些人对它的加密强度持怀疑态度,但是现在还没有发现实用的破译 DES 算法的方法,并且在应用中人们不断提出新的方法来增强 DES 算法的加密强度,如 3DES 算法、带有交换 S 盒的 DES 算法等,因此 DES 算法在信息安全领域仍有广泛的应用。

3DES 算法又称 Triple DES,3 重 DES 算法,是 DES 算法的一种模式,它使用 3 条 56 位的密钥对。3DES 算法进行三轮加密,比起最初的 DES 算法更为安全。设 $E_{kn}()$ 和 $D_{kn}()$ 代表第 n 次 DES 算法的加密和解密过程($n=1,2,3$),K 代表 DES 算法使用的密钥,P 代表明文,C 代表密文,则 3DES 算法加密过程为:$C=E_{k3}(D_{k2}(E_{k1}(P)))$,解密过程为:$P=D_{k1}((E_{k2}(D_{k3}(C))))$。

3.5.3 pyDES 库

Python 库是指 Python 语言中完成一定功能的代码集合,是供用户使用的代码组合;在 Python 语言中库是包和模块的形式;其中 Python 模块是包含并且组织的代码片段,Python 包是一个有层次的文件目录结构。

pyDES 是一个 Python 语言的库,用来提供 DES、3DES 算法。

安装 pyDES 库的方式很多,其中一种是在 Spyder 编译环境中安装,具体步骤如下:启动 Spyder 编译环境后,直接在右下方的 console 中输入如下命令:

该方式适合在 Spyder 编译环境中安装所有数据包。

```
pip install pyDES
```

成功安装 pyDES 库的界面如图 3-2 所示。

实验3 基于DES算法的加解密实验

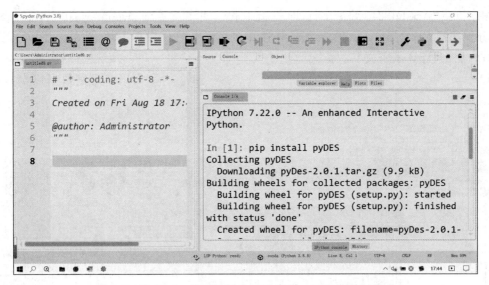

图 3-2　在 Spyder 编译环境中成功安装 pyDES 库的示意图

3.5.4　Cryptodome 库

Cryptodome 是 Python 语言的加密和解密库,它是 PyCrypto 和 Crypto 工具包的继承者。Cryptodome 库是 Python 语言中强大的加密和解密工具包之一。

安装 Cryptodome 库的方式很多,其中一种是在 Spyder 编译环境中安装,启动 Spyder 编译环境后,直接在右下方的 console 中输入如下命令：

```
pip install Cryptodome
```

成功安装 Cryptodome 库的界面如图 3-3 所示。

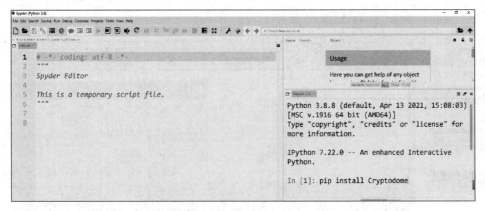

图 3-3　在 Spyder 编译环境中成功安装 Cryptodome 库的示意图

3.6　实验指导

3.6.1　任务一：基于工具软件的 DES 算法加解密实验

实验参数如下：

密钥 $k=$ "ABCD1234"（8个字符，即64位长度），明文 $M=$ "I love information security"。

分别选择 CrypTool、CAP4 等工具软件和在线密码网站等方式，如图 3-4～图 3-7 所示，用"DES 加密"计算出密文 C。

$C=$ _____。（密文用二进制数据或十六进制格式表达。）

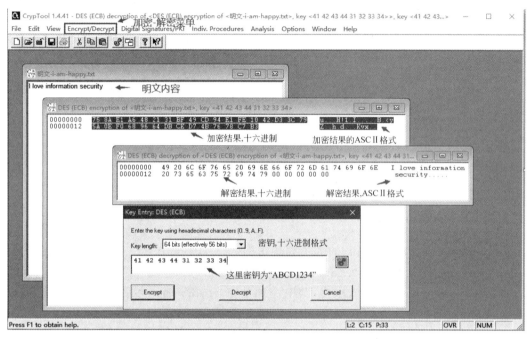

图 3-4　基于 CrypTool 软件的 DES 算法加密与解密示意图

图 3-5　基于 CAP4 软件的 DES 算法加密与解密示意图

实验3 基于DES算法的加解密实验

图 3-6　在线网站 DES 算法加密示意图

图 3-7　在线网站 DES 算法解密示意图

记录下明文 M、密钥 k、密文 C 的二进制数据。将密文和密钥分享给同组学生(或自己)，选择工具软件中"DES 解密"进行明文的解密，将解密结果与之前的明文对比，判断结果是否一致。也可用在线密码网站进行对比验证。

采用自己选择的明文和密钥，重新完成上述实验操作。

3.6.2　任务二：基于 Python 语言的 DES 算法加解密编程实验

练习用 C、C++、Python、Java 等语言编程实现 DES 算法的加解密。

下文以 Python 语言为例，通过调用密码算法库 pyDES 或 Cryptodome 实现 DES 算法的加密和解密。实例代码如下。

1. 代码示例 3-1：使用 pyDES 库实现基于 DES 算法的加解密

DES 算法的示例程序实现如下。

```
import pyDes
M = "DES Algorithm Implementation"
DES1 = pyDes.des("DESCRYPT",pyDes.CBC,"\0\0\0\0\0\0\0\0",pad = None, padmode = pyDes.PAD_PKCS5)
```

```
C = DES1.encrypt(M)
print("Encrypted:", c)
M1 = DES1.decrypt(C)
print("Decrypted: ", M1.decode("utf8"))
```

程序中 M 变量为待加密的明文字符,DES1 为创建的一个 DES 对象,并可设定相关的 DES 加密参数、CBC 模式、PKCS5 分组填充方式。

假设程序命令为 pydes.py,在 Python 命令行环境下运行此程序(也可以在其他 Python IDE 编程环境下运行,如 PyCharm、Spyder、Jupyter 等),可以看到相应加密和解密结果如下:

```
Encrypted: b'\xd6V\xf2\xffW\x16\xda\xa8r\x12\x9bi\xce\xect\x93\xef\t4\xf4!\xc2\x91\x8dA\xf3\x0b\x10\xfc\x97\xcf\xb2'
Decrypted: DES Algorithm Implementation
```

2. 代码示例 3-2:使用 Cryptodome 库实现 DES 算法加解密

```
1    # - * - coding: utf - 8 - * -
2    # 代码示例 2-2:用 Cryptodome 库实现 DES 加解密
3    # 导入 DES 模块
4    from Cryptodome.Cipher import DES
5    import binascii
6
7    # 密钥为 8 字节字符串'ABCD1234',前缀 b 表示定义各 bytes 数组格式
8    key = b'ABCD1234'
9    # 需要先生成一个 DES 对象
10   des = DES.new(key, DES.MODE_ECB)
11   # 明文字符在加密前需要先做分组填充,转换格式,明文字符串转换为二进制 bytes
12   text = 'I love information security'
13   print('原始明文是:', text)
14   print('明文长度字节数为:',len(text))
15   ## 不同的分组填充模式会导致 DES 加密结果的微小差异
16   ## text = text + (8 - (len(text) % 8)) * '='
17   ## 此处用 \0 填充
18   text = text + (8 - (len(text) % 8)) * '\0'
19   print('明文分组填充后(bytes 格式):',text.encode("utf8"))
20   print('明文分组填充后的长度字节数:',len(text.encode("utf8")))
21   # 加密,明文需要先编码转换为二进制 bytes 格式,text.encode()
22   encrypto_text = des.encrypt(text.encode())
23   encrypto_text2 = binascii.b2a_hex(encrypto_text)
24   print('密文为:',encrypto_text2)
25   print('密文长度字节数:',len(encrypto_text2))
26   # 解密
27   decrypted_text = des.decrypt(encrypto_text)
28   print('解密得到明文(bytes 格式):',decrypted_text)
29   print('解密得到明文(字符串格式):',decrypted_text.decode("utf8"))
```

3.6.3 任务三:基于 DES 算法的密文破解实验

DES 算法不容易破解,但当密钥长度较短、模式固定或者部分内容已知的情况下,可以尝试用穷举法进行暴力破解。

任务题目：某部网络管理员王班长负责维护公司的几十台服务器，他将服务器的用户名称和登录密码都记录在一个计算机文件中，并用 DES 做了加密处理。以下是一段密文（十六进制格式）。已知王班长的明文中包含"root"这个字符，他使用的密码是 8 位"字母＋数字"字符，密码前 4 个字母可能是"wang"，后 4 个数字可能是他或他某个家人的生日，"月份＋日期"格式（如 0920，代表 9 月 20 日）。

4f4f2920a0b6a45e8307b070997ba75dc993b15431e3ccb8ba291ed1285b9b55e7a48eb8a53fc083a96e61c
61e9d092b55403ce72e1b0a9f87268ad114e81b6a8c6fab365152815dd29e8603fdf15ad6

请根据已知条件编写程序，用密钥穷举法去破解密文。

3.6.4 任务四：DES 算法的编程扩展实验

请参考示例代码完成以下任务：
（1）将加密程序调试运行成功，用之前的明文和密钥参数进行实验，对比结果；
（2）设置不同 DES 算法参数，与原始明文进行对比；
（3）将明文中添加一些中文字符，重新运行代码，观察程序运用情况。如程序出现意外，无法正常运行，请尝试修改代码，确保中英文混合字符串也能够正常地加密和解密。提示：这是目前版本 pyDES、Cryptodome 库不支持中文（Unicode 编码）的缺陷所导致的。可以先把中英文字符串转换编码为 Base64 格式（ASCII 字符组成），对此 Base64 字符进行加密。解密时，将解密得到的结果进行 Base64 解码，转换为原始字符串格式。

3.7 注意事项

（1）与古典密码中明文限制为 26 个英文字母不同，现代密码算法是对明文原始数据的二进制信息进行加密，因此可以对英文字母（区分大小写）、标点符号（包括空格）、中文字符以及文件、图片等各种类型数据进行处理。实验中需要注意观察加密、解密过程中明文、密钥、密文的二进制数据变化情况。

（2）密码算法的编程实践环节，要求学生具备一定的 C、C++、Python、Java 编程基础。

3.8 思考题

1. 在军事物联网中，数据的安全性是至关重要的。请分析并讨论：
（1）使用工具软件进行 DES 算法相比其他加密方式（如手动编写加密程序）在军事物联网中具有哪些优势？
（2）如何选择一款适合军事物联网需求的 DES 算法加密工具软件？考虑因素包括易用性、安全性、兼容性以及性能。
（3）在军事物联网的分布式架构下，如何确保使用工具软件进行 DES 算法加密时，密钥的安全管理和分发？

2. 结合 Python 语言在军事物联网中 DES 加密解密的灵活性与可扩展性。请思考：
（1）使用 Python 语言编程实现 DES 算法加密解密在军事物联网中的优势，特别是在处理大规模数据流和快速算法迭代方面。

(2) 如何设计一个基于 Python 语言的 DES 加密解密模块,使该模块能够灵活集成到军事物联网的现有系统中,并具备良好的可扩展性以应对未来可能的安全威胁?

(3) 分析 Python 语言在处理军事物联网中加密解密性能瓶颈时的可能策略,如多线程、异步处理或使用优化的加密库。

3. DES 算法的安全性很大程度上依赖密钥的管理。请讨论:军事物联网中 DES 算法的密钥管理与安全策略。

(1) 在军事物联网中,如何设计一个安全的密钥管理系统,以确保 DES 算法密钥的生成、存储、分发和更新过程的安全性?

(2) 面对可能的密钥泄露风险,军事物联网应采取哪些预防和应对措施?

(3) 探讨在军事物联网中实施密钥轮换策略的必要性,以及如何实现自动化的密钥轮换过程。

4. 请分析 DES 算法在军事物联网中的局限性及未来趋势。

(1) DES 算法在军事物联网中可能面临的主要局限性是什么?例如,密钥长度较短、容易受到暴力破解等。

(2) 针对这些局限性,军事物联网应如何选择合适的替代加密算法或增强 DES 算法的安全性?

(3) 展望未来,军事物联网在加密技术方面的发展趋势可能是什么?例如,量子加密、区块链技术在加密密钥管理中的应用等。

实验4 基于Python语言编程的AES算法加解密实验

4.1 实验目的

（1）理解对称密码算法的基本思想和特点；

（2）掌握典型对称密码算法 AES 的编程实现，重点应用 decrypt 和 encrypt 方法实现 AES 算法加密、解密的用法；

（3）体会由理论到实践中须注意的问题，如编码转换、字符串补零等问题。

4.2 实验任务

通过 Python 语言编程实现 AES 算法对可变长度、可变数据类型明文的加解密。

4.3 实验环境

4.3.1 硬件环境

安装 Microsoft Windows 操作系统的计算机 1 台。

4.3.2 软件环境

集成开发环境 Spyder，支持 Phyon 3.6.4 版本及以上。

4.4 实验学时与要求

学时：2 学时。

要求：独立完成实验任务，撰写实验报告。

4.5 理论提示

4.5.1 AES算法

1. 产生的背景

AES的英文全称为Advanced Encryption Standard,中文译为高级数据加密标准。在AES算法之前,美国广泛使用的是1972年由IBM公司研发的美国数据加密标准DES,即Data Encryption Standard。由于DES算法破译的不断发展,DES算法的安全性与应用前景面临非常大的挑战。随后推出的TDES/3DES是DES算法的一个更安全的变形,但由于需要进行三重DES,速度较慢。因此,美国政府需要设计一个不用保密的、公开的、免费的分组密码算法,用来保护21世纪政府、金融等核心部门的敏感信息,并期望用这个新算法取代逐渐没落的DES算法,成为新一代数据加密标准。

美国政府对AES算法的要求有以下3点。

(1) 安全方面:至少和3DES算法一样安全。

(2) 速度方面:比3DES算法快。

(3) 成本方面:免费使用。

1997年4月15日,美国国家标准技术研究所(National Institute of Standards and Technology,NIST)发起征集AES算法的活动,并专门成立了AES算法工作组。1997年9月12日,发布了征集AES算法候选算法的通知。截至1998年6月15日,NIST共收到21个提交的算法。1998年8月10日,NIST召开第一次AES算法候选会议,公布了15个候选算法。1999年3月22日,NIST召开第二次AES算法候选会议,公开了15个AES算法候选算法的讨论结果,并从中选了5个算法进一步讨论。2000年10月2日,在进一步分析与讨论这5个算法后,正式公布由比利时密码学家Joan Daemen与Vicent Rijmen设计的Rijndael算法成为AES算法。同时,NIST发表了一篇16页的报告,总结了选取Rijndael算法作为AES算法的原因:

(1) 不管用反馈模式还是无反馈模式,Rijndael算法在普遍的计算环境的硬件与软件实现性能一直保持优秀;

(2) Rijndael算法的密钥建立时间非常少,灵敏性好;

(3) Rijndael算法的内部循环结构易于并行处理,运算容易,极低的内存需求让它特别适合在存储器有限的环境中;

(4) Rijndael算法能抵抗强力与时间选择攻击。

此外,由于在AES算法的选拔过程中,参加者必须提交密码算法的详细规格书、以ANSIC和Java编写的实现代码以及抗密码破译强度的评估等材料,这就杜绝了隐蔽式安全性。

2. 特点

(1) 安全性好。

AES算法中,每轮使用不同的常数消除了密钥的对称性,使用了非线性的密钥扩展算法消除了相同密钥的可能性,能够抵抗线性攻击。加密和解密使用不同的变换,从而消除了弱密钥和半弱密钥存在的可能性。因为 AES 算法的密钥长度可变,针对 128 位、192 位、256 位的密钥,密钥量分别为 2^{128} 个、2^{192} 个、2^{256} 个,足以抵抗穷举搜索的攻击。尽管 AES-128 密钥的弱化版本已经受到了攻击(Niels Ferguson 等在 2000 年实现了对加密 7 轮的 AES-128 的攻击),但迄今为止尚未出现对完整 AES 算法的成功攻击,实践证明 AES 算法能抵抗穷举攻击、线性攻击、差分攻击、相关密钥攻击、插值攻击和抗穷举攻击等。

(2) 对资源需求小。

AES 算法不需要特殊的硬件和解密,所需要的软件资源少,因此非常适合应用在资源紧张的感知设备、智能终端、智能卡中等物联网设备中,如在物联网网络设备路由器、手机等智能终端、信息管理系统、无人机数据链传输、汽车防盗系统、校园卡和公交卡等的数据加密中。图 3-6 和图 3-7 分别给出了某路由器安全设置和手机 WLAN 热点上网的信息加密采用 AES 算法的实例。

(3) 执行效率高。

由于 AES 算法效率较高,因此适用于对效率有要求的实时数据加密通信。比如在使用虚拟专用网络(Virtual Private Network,VPN)或者代理进行加密通信时,既要保证数据的保密性,又要保证不能有高的延迟,所以通常会使用 AES 算法进行通信加密。例如,ZigBee 技术中,为确保 MAC 帧的完整性、机密性、真实性和一致性,其 MAC 层使用 AES 算法进行加密,并且生成一系列的安全机制。在无人机数据链传输过程中,为了解决军事的数据安全问题,也常采用 AES 算法对其数据进行加解密。

(4) 适应性强。

广泛适用于不同的 CPU 架构,在不同软件或硬件平台上均易实现,因此除了在各行各业中仍被广泛应用,逐渐取代了 DES 算法在 IPSec、SSL 和 ATM 中的应用外,还在远程访问服务器、移动通信、卫星通信、财政保密等方面得到广泛使用。

IPSee(Internet Protocol Security)是一种网络安全协议,主要用于在 IPv4 和 IPv6 网络中提供数据包的加密和认证。它通过使用一系列的安全机制来保护数据传输过程中的安全性和完整性。

安全套接层(Secure Sockets Layer,SSL)是一种用于在客户端和服务器之间建立安全网络通信的协议。它通过身份认证、数据加密传输、信息完整性校验等安全功能保证信息不会被窃听、篡改和伪造。SSL 协议基于公开密钥技术,提供了一种保护客户端/服务器通信安全的机制。它是目前 Internet 上保密通信的工业标准。

异步传输模式(ATM)是一种宽带综合业务数字网(B-ISDN)的转移模式,它实现了网络与业务无关的特性,因此得到了迅速发展。ATM 技术允许将语音、视频、传统数据以及其他类型的流量整合到单一网络上。这种技术的核心在于其交换技术,包括突发编码技术和流量控制技术,并且支持多种信息形式的良好传输性能。

AES(高级加密标准)是 DES 的替代,是一种典型的对称密码算法、分组密码算法,分组长度为 128 位,密钥长度可以为 128 位、192 位或 256 位,对应的迭代轮数分别为 10 轮、12 轮或 14 轮,分别被记作 AES-128 算法、AES-192 算法和 AES-256 算法。

对于任意长度的明文,AES 算法首先对其进行分组,每组的长度为 128 位(长度不足的明文分组后面补充 0 即可),分组之后再分别对每个 128 位的明文分组进行加密。这里的"位"是指二进制的位数。

4.5.2 AES 算法的工作模式

AES 算法属于分组密码,共有 5 种工作模式:电码本(Electronic Code Book,ECB)模式、密码分组链接(Cipher Block Chaining,CBC)模式、密码反馈(Cipher Feedback,CFB)模式、输出反馈(Output Feedback,OFB)模式和计数器(Counter,CTR)模式。

1. 电码本(Electronic Code Book,ECB)模式

1) 概述

电码本模式就是将明文按照分组长度划分成等长的明文组,然后用相同的密钥对每一密文组进行加密,一次只加密一组明文,最后将每一次加密得到的密文块连接起来组成最后的密文。解密时也使用相同的密钥对密文组进行解密。在这种工作模式下,一个明文组只能固定地被加密成一个对应的密文组,一个密文组也只能固定地被解密成对应的明文组,明文组和密文组一一对应。设想有一个厚厚的密码本,每次加密时,只需要从密码本中查出明文所对应的密文即可,这也是电码本模式名称的由来。

2) 加解密过程

ECB 模式的加解密过程如图 4-1 所示。

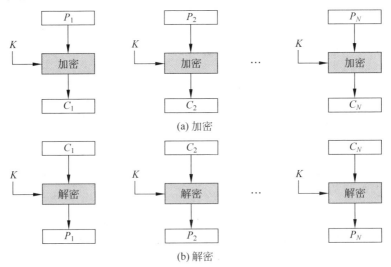

图 4-1　ECB 模式加解密示意图

(1) 将明文按照分组长度划分成等长的明文组,明文分组依次被记为 $P_x(x=1,2,\cdots,N)$。如果最后一组不够分组位,可以对最后一组进行填充。

(2) 每个明文分组 $P_x(x=1,2,\cdots,N)$ 在密钥 K 和加密算法作用下,被加密为对应的密文分组 $C_x(x=1,2,\cdots,N)$。

(3) 每个密文分组 $C_x(x=1,2,\cdots,N)$ 在密钥 K 和解密算法作用下,被解密为对应的密文分组 $P_x(x=1,2,\cdots,N)$。

3) ECB 模式的特点

优点:原理简单易于理解;便于实现并行计算;误差不会被传送(因为明文块的改变只会影响到对应密文块的改变,其他的密文块不会改变,每个密文块都不受其他明文块的影响)。

缺点：由于相同的明文块产生相同的密文，容易暴露明文的频率特征，因此 ECB 模式存在一定风险，特别是对于长消息 ECB 模式就更不安全了。此外，对明文进行主动攻击的可能性较高。

用途：ECB 模式适用于短消息加密，如一个密钥、随机数等。

2. 密码分组链接（Cipher Block Chaining，CBC）模式

1）概述

在 CBC 模式中，加密算法的输入是明文分组和前一个密文分组的异或，使用相同的密钥对每个明文组进行加密。其中对第一个明文组加密时，需先与初始化向量（Initialization Vector，IV）异或，再在密钥和加密算法作用下完成加密。解密过程与加密过程类似。CBC 模式解决了 ECB 模式的安全缺陷，在初始化向量 IV 作用下可以让相同的明文分组产生不同的密文分组。输出的密文分组链接在一起，某明文块发生改变将引起后面所有密文块发生改变。

2）加解密过程

CBC 模式的加解密过程如图 4-2 所示。

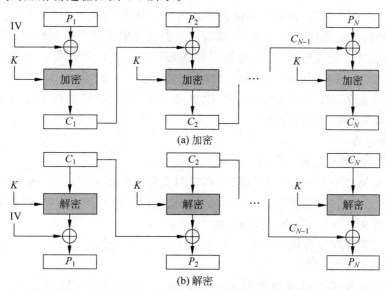

图 4-2　CBC 模式加解密示意图

(1) 将明文按照分组长度划分成等长的明文组，明文分组依次被记为 $P_x(x=1,2,\cdots,N)$。如果最后一组不够分组位，可以对最后一组进行填充。

(2) 从第一个明文分组 P_1 开始依次加密。P_1 和初始化向量 IV 异或后，用密钥 K 和加密算法将其加密成对应的密文分组 C_1；明文分组 $P_x(x=2,3,\cdots,N)$ 依次和其前一个密文分组 $C_{x-1}(x=2,3,\cdots,N)$ 异或后，用密钥 K 和加密算法将其加密成对应的密文分组 $C_x(x=2,3,\cdots,N)$。初始化向量 IV 是随机产生的，其长度与分组长度相同。

(3) 从密文分组 C_1 开始依次解密。密文分组 C_1 用密钥 K 和解密算法解密后，再与初始化向量 IV 异或，得到对应的明文分组 P_1。密文分组 $C_x(x=2,3,\cdots,N)$ 用密钥 K 和解密算法解密后，再与其前一个密文分组 $C_{x-1}(x=2,3,\cdots,N)$ 异或依次得到对应的明文分组 $P_x(x=2,3,\cdots,N)$。

3) CBC 模式的特点

优点：①由于初始化向量是随机生成的一个值，每次通信中的值都不同，因此在 CBC 模式中，即使相同的明文，使用相同的密钥进行加密，在初始化向量作用下其加密的结果也不同，因此解决了 ECB 模式的安全问题，适合加密长消息，是目前应用最广泛的工作模式。例如 SSL、IPSec 的标准。②密文内容如果被替换、重排、删除、重放或在网络传输过程中发生错误，后续密文即被破坏，无法完成解密还原。③对明文的主动攻击的可能性较低。

缺点：①由于加解密过程都只能按分组顺序依次进行，因此不利于并行计算。②存在错误传播的可能，每一个密文分组不仅依赖于其所对应的明文分组，而且依赖于所有以前的明文分组。如果前一块密文组接收失败，那么会影响下一块密文组的解密；如果在加密过程中发生错误，则错误将被无限放大，导致加密失败。③需要额外产生和传送初始化向量 IV，如果 IV 被公开，则攻击者可能会篡改 IV，导致第一块密文解密失败。

用途：可加密任意长度的数据；适用于计算产生检测数据完整性的消息认证码 MAC。

3. 密码反馈(Cipher Feedback，CFB)模式

1) 概述

与 ECB、CBC 模式不同，CFB(Cipher Feedback，CFB)模式下，明文本身没有被加密算法加密，仅与加密算法的输出进行异或，就得到了密文。密文被反馈到移位寄存器中为下一个明文块加密服务。所谓反馈，指的是返回输入端的意思，且 CFB 模式的加解密过程都只使用了加密算法，而没有用到解密算法。CFB 以及后面要讲的 OFB、CTR 模式都具有这样的流密码特征。此外，CFB 模式也不需像 ECB 和 CBC 模式那样要将明文分组填充到分组长度的整数倍，因此可以实时操作。

2) 加解密过程

CFB 模式的加解密过程如图 4-3 所示。

(1) 加密从第一个明文分组 P_1 开始(假设明文分组长度为 b 位)。初始化向量 IV 和密钥 K 经加密算法加密后，取其输出的前 s 位与 P_1 的前 s 位做异或运算，得到对应的密文分组 C_1(注意：密文分组 C_1 只有 s 位，$s \leq b$)。

(2) 将移位寄存器原有内容左移 s 位并将前一个密文分组 $C_{x-1}(x=2,3,\cdots,N)$ 送入移位寄存器最右端腾空的 s 位上。

(3) 移位寄存器最新内容和密钥 K 经加密算法加密后，取其输出的前 s 位与 $P_x(x=2,3,\cdots,N)$ 的前 s 位做异或运算，依次得到对应的密文分组 $C_x(x=2,3,\cdots,N)$。这一过程继续到明文的所有单元都被加密为止。

(4) 解密从第一个密文分组 C_1 开始。初始化向量 IV 和密钥 K 经加密算法解密后，取其输出的前 s 位与 C_1 的前 s 位做异或运算，得到对应的明文分组 P_1。

(5) 将移位寄存器原有内容左移 s 位并将前一个明文分组 $C_{x-1}(x=2,3,\cdots,N)$ 送入移位寄存器最右端腾空的 s 位上。

(6) 移位寄存器最新内容和密钥 K 经加密算法加密后，取其输出的前 s 位与 $C_x(x=2,3,\cdots,N)$ 的前 s 位做异或运算，依次得到对应的明文分组 $P_x(x=2,3,\cdots,N)$。这一过程继续到密文的所有单元都被解密为止。

3) CFB 模式的特点

优点：隐藏了明文的模式，每个分组的加密结果必受其前面所有分组内容的影响，即使

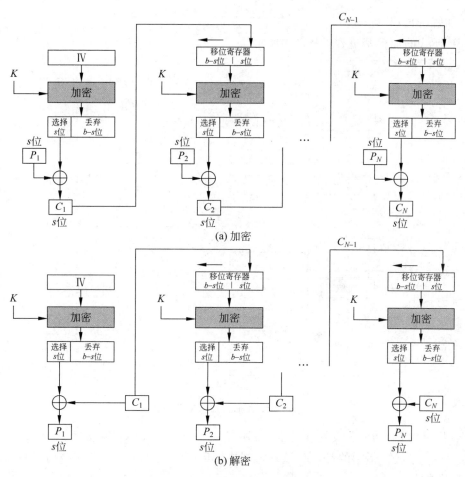

图 4-3　CFB 模式加解密示意图

出现多次相同的明文,也均产生不同的密文;密文块需要按顺序逐块加密,分组密码转换为流模式,可产生密钥流;可以及时加密传送小于分组的数据。有自同步功能:在若干分组加密后,前边错误加密的密文会移出移位寄存器,停止对后面分组的加密造成影响。

缺点:与 CBC 模式相类似,不利于并行计算;存在误差传送,一个单元损坏影响多个单元;需要一个初始化向量 IV。

用途:因错误传播无界,可用于检查发现明文密文的篡改。若待加密消息必须按字符(如电传电报)或按比特处理时,可采用 CFB 模式。

4. 输出反馈(Output Feedback,OFB)模式

1) 概述

OFB 模式在结构上类似于 CFB 模式,也是一种类似于流密码的工作模式,明文分组同样没有进入加密算法中,加密算法只是用来产生密钥流的,而没有对明文组进行加密。真正的加密过程是明文分组与密钥流的异或。两种模式的不同之处在于:OFB 模式是将分组加密算法的输出反馈到用于下一个明文加密的移位寄存器中,而 CFB 模式则是将部分密文反馈到用于下一个明文加密的移位寄存器中。另外,所有加密算法的密钥都是相同的。

2）加解密过程

OFB 模式的加解密过程如图 4-4 所示。

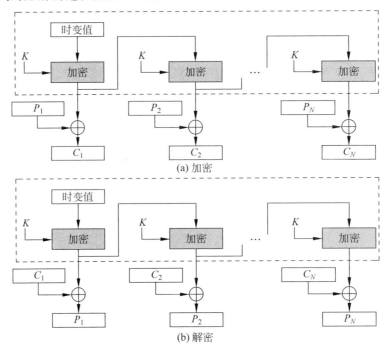

图 4-4　OFB 模式加解密示意图

（1）将明文按照分组长度划分成等长的明文组，明文分组依次被记为 $P_x(x=1,2,\cdots,N)$。与 ECB 和 CBC 模式不同的是，在 OFB 模式中，如果明文的最后一组不够加密算法的分组长度，也无须填充。

（2）从第一个明文分组 P_1 开始依次加密。上一组加密算法的输出和密钥 K 经本组加密算法的输出分两路，一路与本明文分组 $P_x(x=2,3,\cdots,N)$ 异或，得到对应的密文分组 $C_x(x=2,3,\cdots,N)$；另一路和密钥 K 参与下一个明文分组的加密运算，直到所有明文分组全部加密完毕。

注：由于第一个明文分组加密时无上一组加密算法的输出，该模式下用时变值代替上一组加密算法的输出参与运算。如果最后一组明文的位数（假设为 s 位）不够明文分组位数（假设 b 位，即 $s<b$），也无须填充。只需要将加密算法输出密钥流的低 $b-s$ 位舍去，仅保留 s 位，再与 s 位明文进行异或，得到 s 位密文分组。

解密过程与加密过程类似，只是改用密钥流与密文组异或，得到明文组。与 CFB 相同，解密过程也只用到了加密算法，并没有用到解密算法。

3）CFB 模式的特点

优点：隐藏了明文模式；分组密码转换为流模式；无误差传送问题；可以及时加密传送小于分组长度的数据。

缺点：不利于并行计算；对明文的主动攻击是可能的；安全性较 CFB 差；存在误差传送，一个明文单元损坏影响多个单元。

用途：适用于加密冗余性较大的数据，如语音和图像数据。

5. 计数器(Counter,CTR)模式

1) 概述

计数器模式也是一种类似于流密码的模式。加密算法只是用来产生密钥流与明文分组异或。要求计数器的长度与分组长度相同,它将计数器从初始值开始计数所得到的值作为分组加密算法的输入,经过加密算法变换后的结果与明文分组异或,得到密文分组。

2) 加解密过程

CTR 模式的加解密过程如图 4-5 所示。

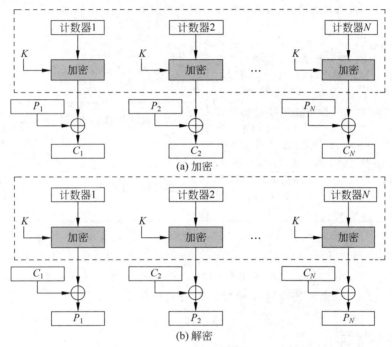

图 4-5　CTR 模式的加解密过程示意图

(1) 将明文按照分组长度划分成等长的明文组,明文分组依次被记为 $P_x(x=1,2,\cdots,N)$。如果最后一组不够分组位,可以不填充。

(2) 计数器 $x(x=1,2,\cdots,N)$ 的值和密钥 K 被加密算法加密的输出,分别和明文分组 $P_x(x=1,2,\cdots,N)$ 进行异或,得到对应的密文分组 $C_x(x=1,2,\cdots N)$。如果最后一个明文分组的位数(s 位)不够加密算法的分组长度(b 位),即 $s<b$,其处理方法与 OFB 相同:在最后一组中,舍弃加密算法输出的右边 $b-s$ 位,将左边剩下的 s 位与明文分组进行异或,得到最后的 s 位密文分组。

CTR 的解密方式与加密方式类似,原因与 OFB 相同。

注:在这个加密过程中,每个计数器的值都不能相同。为了便于处理,首先为第一个计数器设一个初始值,在接下来的每个分组中,计数器逐个加 1。

3) CRT 模式的特点

优点:可并行计算;安全性至少与 CBC 模式一样好;加密与解密仅涉及密码算法的加密。

缺点:没有差错传播,因此不易确保数据完整性。

用途:适用于各种加密应用。

表 4-1 对上述 AES 算法 5 种工作模式进行了总结。

表 4-1　AES 算法 5 种工作模式

模式	优点	缺点	用途
ECB	实现简单；不同明文分组可并行运算，特别是硬件实现速度快；无差错传播，密文分组丢失或传输错误不影响其他分组解密	无法隐蔽明文数据格式规律和统计特性；无法抵抗重放、嵌入和删除等攻击	传送短数据（如一个加密密钥）
CBC	可以隐蔽明文数据格式规律和统计特性；一定程度抵抗重放、嵌入和删除等攻击	具有有限差错传播，不能纠正传输中的同步差错。不同明文分组无法并行运算	传输数据分组；认证
CTR	可以隐蔽明文数据格式规律和统计特性；分组密码算法作为一个密钥流产生器；具有同步流密码优点；实现简单、可预处理，并行处理；无差错传播	具有同步流密码的缺点，密文篡改难以检测，无法实现完整性检测	实时性和速度要求比较高的加密场合
OFB	可以隐蔽明文数据格式规律和统计特性；分组密码算法作为一个密钥流产生器；具有同步流密码优点；无差错传播	对于密文被篡改难以进行检测；速度慢	有干扰信道（如卫星通信）上传送数据流
CFB	可以隐蔽明文数据格式规律和统计特性；分组密码算法作为一个密钥流产生器；具有同步流密码优点；有差错传播；一定程度抵抗重放、嵌入和删除等攻击	有差错传播；速度慢	传送数据流，认证

注：除了 ECB 模式相对不安全外，其他几种模式没有太大差别，常用的是 ECB 和 CBC 模式。其中 IV 偏移量为 16 位数值，一般与分组长度相同。IV 偏移量在 ECB 模式下不需要，在 CBC 模式下需要。每一次加密都使用随机产生的初始向量 IV 可以大大提高密文的安全性。有兴趣深入研究的读者可以学习现代密码学相关课程。

4.6　实验指导

4.6.1　实验环境搭建

本实验主要使用 Python 语言编程，所以需搭建集成开发环境 Spyder 简介，详情参考实验 1：环境配置集成开发环境 Spyder。

4.6.2　AES 算法的编程实现

学生可以根据自身编程基础情况，恰当选择以下两种实现方式。

1. 方式一：根据 AES 算法原理编程

该方式需要对 AES 算法原理和实现步骤十分熟悉，适合编程基础较好、编程技能较丰富的学生，整体难度较大。

2. 方式二：根据 Python 语言提供的工具进行编程

该方式需要对 AES 算法原理、Python 相关加解密包（模块）十分熟悉，如 Cryptodome 库等，适合编程基础一般的学生，整体难度偏小。

4.6.3 Python语言关键知识点解析

1. 准备包

1) 包的概念

Python 程序由包(package)、模块(module)和函数组成。

包是由一系列模块组成的集合,用于完成特定的任务。包必须含有一个 __init__.py 文件,它用于标识当前文件夹是一个包。

模块是处理某一类问题的函数和类的集合。模块把一组相关的函数或代码组织到一个文件中,一个文件即是一个模块。模块由代码、函数和类组成。导入模块使用 import 语句。

Python 语言针对加解密算法有专门的包,所以首先应安装、导入对应的包,具体包括 Crypto、PyCrypto 和 Cryptodome。其中,Cryptodome 是 Python 语言的加密和解密库,它是 PyCrypto 和 Crypto 工具包的继承者。Cryptodome 库是 Python 语言中功能强大的加密和解密工具包之一。

2) 包的安装

常见方式是在集成开发环境 Spyder 中安装,如图 4-6 所示,启动 Spyder 集成开发环境后,直接在右下方的 Console 中输入如下命令:

```
pip install Cryptodome
```

该方式适合在 Spyder 编译环境中安装所有数据包。

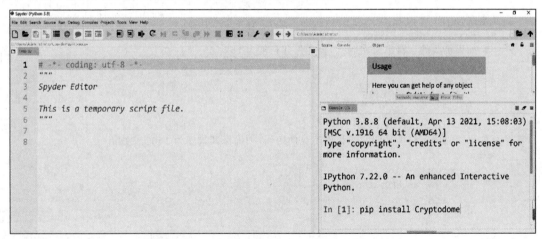

图 4-6 Python 中安装加密解密数据包示意图

3) 包的导入

安装完成后,在具体编程中应导入相关包,示范代码如下:

```
from    Cryptodome.Cipher    import AES
```

语法:from 包.模块 import 方法

　　　from 模块 import 方法

作用:import 表示导入模块名,并把其中所有代码复制到本程序中。

2. 编码

为了确保编码的统一,需选择将密文保存为十六进制,因此还需要从 binascii 模块中导入 b2a_hex 方法(字符串-十六进制)和 a2b_hex 方法(十六进制-字符串)。

参考代码如下:

```
from Crypto.Cipher import AES
from binascii import b2a_hex
from binascii import a2b_hex
```

其中,模块 binascii:包含多种二进制到 ASCII 码间的转换方法。

方法 b2a_hex:二进制数据的十六进制表示,输出字符串类型。每字节被转换成相应的 2 位十六进制表示形式。因此,得到的字符串是原数据长度的 2 倍。

方法 a2b_hex:从十六进制字符串返回二进制数据,是 b2a_hex 的逆向操作,输出字节类型。十六进制字符串必须包含偶数个十六进制数字(可以是大写或小写),否则报 TypeError 错误。

3. 补零

AES 算法有 16 字节(AES-128)、24 字节(AES-192)和 32 字节(AES-256)三种密钥长度。在对明文进行加密时,密钥和明文长度必须为 16 字节、24 字节或 32 字节。因此要对密钥和明文进行预处理,一般在末尾补零(可能涉及字符串的拼接),确保密钥长度为 16 字节、24 字节或 32 字节,明文长度为 16 字节、24 字节或 32 字节的整数倍。参考代码如下:

补零的参考代码:

```
# 补全字符
def align(str, isKey = False):
    # 如果接收的字符串是密码,需要确保其长度为 16
    if isKey:
        if len(str) > 16:
            return str[0:16]
        else:
            return align(str)
    # 如果接收的字符串是明文或长度不足的密码,则确保其长度为 16 的整数倍
    else:
        zerocount = 16 - len(str) % 16
        for i in range(0, zerocount):
            str = str + '\0'
        return str
```

4. 类

1) 类的定义

使用 class 关键字来声明类,语法如下:

class 类名:

实例:定义 Person 类的语句为

class Person:

2) 类的对象的定义

定义类的对象,语法如下:

对象名 = 类名( )

实例：定义 Person 类的对象 p 的语句为

p = Person( )

3）类的方法

类的方法（类里面的函数）：用 def 关键字创建，例如：

def __init__(self, key, mode)
def encrypt(self, text, count)
def decrypt(self, cipherText)

其中，__init__方法用类来创建实例时，该方法自动运行。在类的成员函数中必有一个参数 self，而且位于参数列表的开头。self 代表类的实例（对象）自身，可以使用 self 引用类的属性和成员函数，这也是类的成员函数（方法）与普通函数的主要区别。

4）创建 AES 对象

创建 AES 对象，需调用 new( )方法。new( )方法具体描述截图如图 4-7 所示。

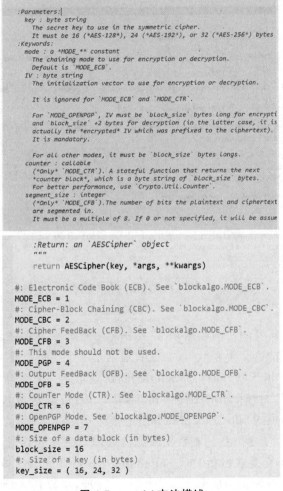

图 4-7　new( )方法描述

5. 加密

要调用 Crypto.Cipher 的 AES 加密模块的 encrypt 方法，其加密流程是：预处理密码和明文→初始化 AES→加密→转码→输出结果。

1）encrypt 方法描述：

加密调用 encrypt( )方法，该方法的具体描述如图 4-8 所示。

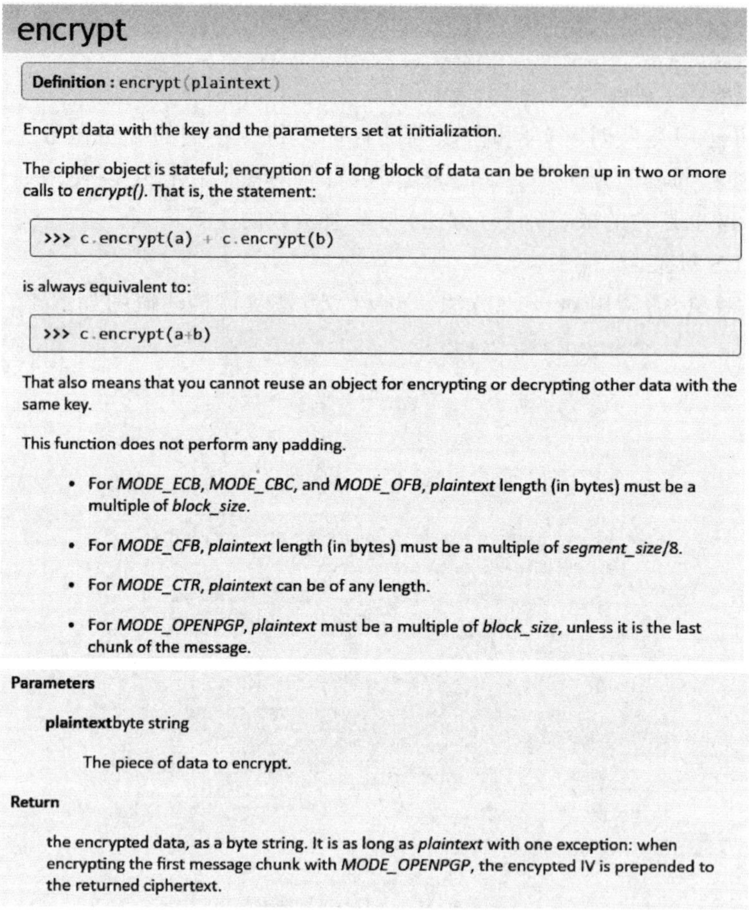
encrypt

Definition : `encrypt(plaintext)`

Encrypt data with the key and the parameters set at initialization.

The cipher object is stateful; encryption of a long block of data can be broken up in two or more calls to *encrypt()*. That is, the statement:

```
>>> c.encrypt(a) + c.encrypt(b)
```

is always equivalent to:

```
>>> c.encrypt(a+b)
```

That also means that you cannot reuse an object for encrypting or decrypting other data with the same key.

This function does not perform any padding.

- For *MODE_ECB*, *MODE_CBC*, and *MODE_OFB*, *plaintext* length (in bytes) must be a multiple of *block_size*.
- For *MODE_CFB*, *plaintext* length (in bytes) must be a multiple of *segment_size*/8.
- For *MODE_CTR*, *plaintext* can be of any length.
- For *MODE_OPENPGP*, *plaintext* must be a multiple of *block_size*, unless it is the last chunk of the message.

Parameters

plaintextbyte string

The piece of data to encrypt.

Return

the encrypted data, as a byte string. It is as long as *plaintext* with one exception: when encrypting the first message chunk with *MODE_OPENPGP*, the encypted IV is prepended to the returned ciphertext.

图 4-8 encrypt( )方法描述

2）参数说明：

plaintext(明文)：需要加密的数据，通常是一个字符串或字节数组。

key (密钥)：用于加密和解密数据的密钥，通常是一个字符串或字节数组。

iv (初始化向量)：用于增加加密算法的随机性，通常是一个字符串或字节数组。

mode(模式)：定义加密算法的工作模式，通常是一个字符串或枚举类型。常见的模式包括 ECB(电子密码本模式)和 CBC(密码分组链接模式)等，详见 4.5.2 节。

padding(填充方式)：定义在加密数据时如何处理不完整的数据块，通常是一个字符串或枚举类型。常见的填充方式包括 PKCS5Padding 和 ZeroPadding 等。

PKCS5Padding 是一种用于加密算法中的填充标准，主要用于确保数据块在加密前具有固定长度。具体来说，PKCS5Padding 会在数据块的末尾添加额外的字节，使得数据块的长度达到加密算法所需的标准块大小。每个填充字节的值等于需要填充的字节数，例如，如果需要填充3个字节，那么填充字节的值就是0x03。这种填充方式确保了数据块在加密和解密过程中的一致性，从而避免了数据丢失或错误。

ZeroPadding，即零填充，是一种在信号处理和数字图像处理中常用的技术。它通过在数据序列的两端添加零值来扩展数据长度，从而增加数据的维度或改变其形状。这种技术常用于提高计算效率，尤其是在进行快速傅里叶变换（FFT）和其他类型的数值分析时。

encoding（编码方式）：指定明文、密钥和初始向量的编码方式，通常是一个字符串。

常见的编码方式包括UTF-8和Base64等。

UTF-8是一种字符编码格式，它是Unicode标准的一种实现方式。Unicode是一个为全球文字系统提供统一编码方案的标准，它为世界上所有的字符分配了一个唯一的数字代码点。UTF-8是Unicode Text Formatters（UTF）中的一种，其他还包括UTF-16和UTF-32。UTF-8的主要特点是它是变长的编码格式，这意味着不同的Unicode代码点可以被编码成不同长度的字节序列。这种灵活性使得UTF-8在存储和传输效率上具有优势。例如，一个简单的英文字母通常只需要一个字节表示，而复杂的汉字则可能需要多个字节。

Base64是一种编码方案，它将二进制数据转换为ASCII字符串格式，使用64个ASCII字符来表示数据。这些字符包括大写和小写的拉丁字母、数字以及两个额外的符号。Base64编码的主要目的是在文本格式（如电子邮件、HTML、JavaScript、JSON和XML）中传输二进制数据，因为它可以将不可打印的二进制数据转换为可打印的ASCII字符，从而避免在传输过程中出现数据丢失或误解。

3）参考代码如下：

```
# ECB模式加密
    def encrypt_ECB(str, key):
        # 补全字符串
        str = align(str)
        key = align(key, True)
        # 初始化AES
        AESCipher = AES.new(key, AES.MODE_ECB)
        # 加密
        cipher = AESCipher.encrypt(str)
        return b2a_hex(cipher)
```

这里使用的是ECB的加密模式。

6. 解密

1) decrypt方法调用

调用decrypt方法解密的流程是：处理密码→初始化AES→转码→解密→输出结果。可调用Crypto.Cipher的AES加密模块的decrypt( )方法。

（1）decrypt方法描述如图4-9所示。

（2）参数说明：

ciphertext：输入的AES ciphertext（密文），指的是要解密的数据。它是一个指向数组的指针，数组的大小必须是128位、192位或256位，即cipher的长度应该是16字节（128位）、24字节（192位）或32字节（256位）。

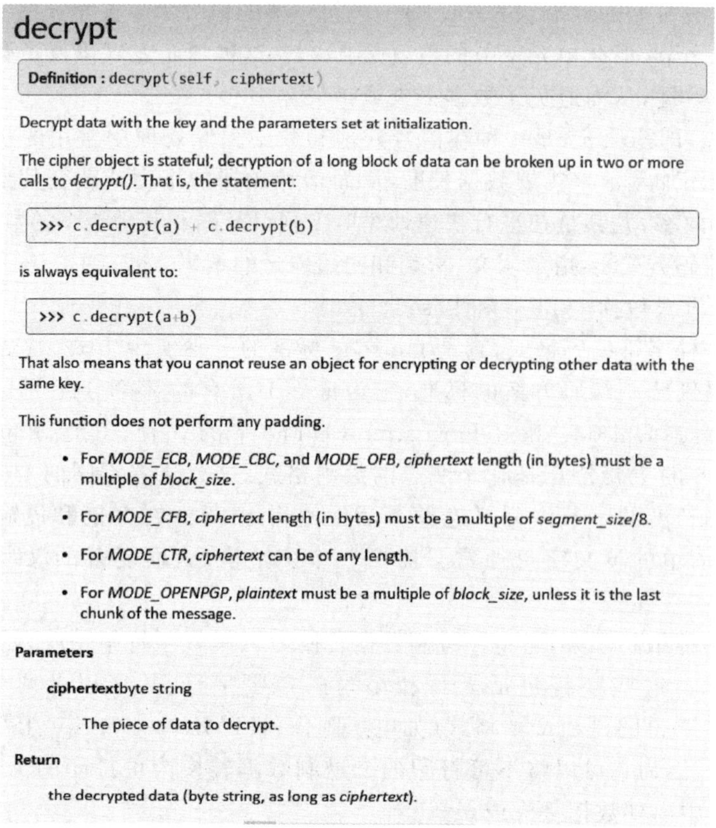

decrypt

Definition: decrypt(self, ciphertext)

Decrypt data with the key and the parameters set at initialization.

The cipher object is stateful; decryption of a long block of data can be broken up in two or more calls to decrypt(). That is, the statement:

```
>>> c.decrypt(a) + c.decrypt(b)
```

is always equivalent to:

```
>>> c.decrypt(a+b)
```

That also means that you cannot reuse an object for encrypting or decrypting other data with the same key.

This function does not perform any padding.

- For *MODE_ECB*, *MODE_CBC*, and *MODE_OFB*, *ciphertext* length (in bytes) must be a multiple of *block_size*.
- For *MODE_CFB*, *ciphertext* length (in bytes) must be a multiple of *segment_size*/8.
- For *MODE_CTR*, *ciphertext* can be of any length.
- For *MODE_OPENPGP*, *plaintext* must be a multiple of *block_size*, unless it is the last chunk of the message.

Parameters

ciphertext byte string

　　The piece of data to decrypt.

Return

　　the decrypted data (byte string, as long as *ciphertext*).

图 4-9　decrypt( )方法描述

key(密钥)：解密的密钥，指的是用于解密数据的密钥。

mode(模式)：解密模式，指的是用来解密数据的模式。

2) 去零

由于在加密时，对密钥和明文进行了补零操作，使其密码和明文长度为 16 字节的整数倍，所有此处需把前期补充的零去掉后才能得到明文。以 Python 语言中的 rstrip()方法为例进行说明。

(1) 方法描述：

rstrip()删除 string 字符串末尾的指定字符(默认为空格)。

(2) 语法格式：

str.rstrip([chars])

(3) 参数说明：

chars：指定删除的字符(默认为空格)。

返回值：返回删除 string 字符串末尾的指定字符后生成的新字符串。

7. 结果验证

如图 4-10 所示，登录网址在线验证实验结果和网站是否一致。(注：相关参数按图 4-10 设置。)

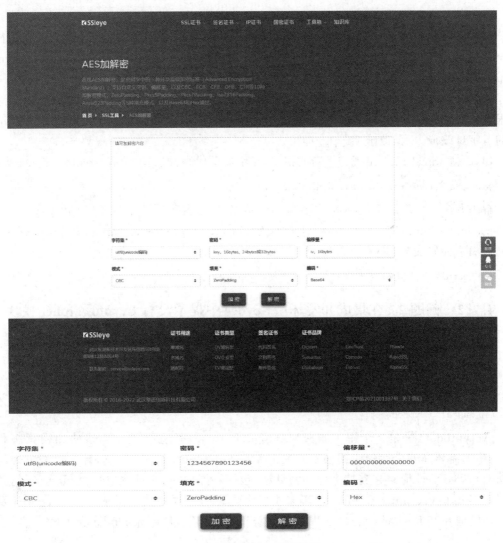

图 4-10　在线验证示意图

4.7　常见问题及处理方式

4.7.1　问题1：在集成开发环境Spyder的console中提示没有Crypto模块

1. 现象

在集成开发环境Spyder的console中出现以下错误提示，即表示没有Crypto模块：

ModuleNotFoundError: No module named 'Crypto'

2. 解决方案

（1）Python的console中直接通过代码安装。

输入命令：

pip install Crypto

(2) 待安装成功后,重启 Spyder 后,仍出现上述错误。

如何判断是否安装成功,在 D:\ProgramData\Anaconda3\Lib\site-packages(该路径是根据读者自身安装 Anaconda3 位置而定)文件夹里面,新增如下两个文件夹:crypto,crypto-1.4.1.dist-info,表示安装成功。

(3) 在上述安装目录下,例如,D:\ProgramData\Anaconda3\Lib\site-packages(该路径是根据读者自身安装 Anaconda3 位置而定),在这个路径下面有一个文件夹叫作 crypto,把它的首字母改成大写,改成 Crypto 即可。

(4) 重启 Spyder 后,出现如下新的错误,显示如下代码,即提示没有 Crypto.Cipher 模块:

ModuleNotFoundError: No module named'Crypto.Cipher'

解决办法:在正常安装和改大小写仍不能解决上述问题的情况下,使用 Crypto 的全名,将 from Crypto.Cipher import AES 替换为 from Cryptodome.Cipher import AES。同时输入如下代码安装 Crytodome:

pip install Crytodome

4.7.2　问题2:在集成开发环境 Spyder 中提示没有 Crypto.Cipher 模块

程序中写了 from Crypto.Cipher import AES 语句后,程序运行出现如下错误提示:

No module named Crypto.Cipher

解决办法:需要安装 AES 模块,可以通过以下命令安装。

pip install Cryptodome

pycryptodomex 是一个用于加密和解密的 Python 库,它提供了丰富的加密算法和工具,适用于需要高安全性的应用场景。这个库是 PyCrypto 的一个分支,旨在提供更现代化的功能和更好的性能。它支持多种加密算法,包括对称加密、非对称加密、哈希函数等,并且可以在 Windows、Linux 和 macOS 等多个平台上运行。通过使用 pycryptodomex,开发者可以轻松地在其 Python 项目中实现数据加密和解密功能,从而保护敏感信息的安全。

4.7.3　问题3:程序运行出现 TypeError:Object type < class 'str'> cannot be passed to C code 错误

这种错误是因为数据类型的问题,将 AES_KEY、IV 以及要加密的数据转换成 bytes 类型就可以了。

4.7.4　问题4:编译出现 TabError:Inconsistent use of tabs and spaces in indentation 错误

解决办法:这个错误的意思是,在缩进时使用了错误的空格和 Tab 制表符。用户使用的 Python 3.5,造成这个错误的原因是用户在函数里面输入 if…elif 判断语句时,elif 之前先用了空格,再用 Tab 制表符完成了对齐,也就是说,这种错误产生的原因正是空格或者 Tab 制表符缩进造成的。在试验中,将空格删除,直接使用 Tab 制表符完成缩进,发现程序正常运行;再试一下空格缩进,发现还是报错了,同样出现 TabError:Inconsistent use of tabs and spaces in indentation。需要统一输入格式,建议全用 Tab 制表符缩进,或者全用空格,如果不统一,则会报错。

4.7.5 问题5:出现 TypeError:a bytes-like object is required,not 'str'

解决方法:提示的意思是"类型错误:需要类似字节的对象,而不是字符串"。解决办法非常简单,只需要用 Python 的 bytes 和 str 两种类型转换的函数 encode()、decode()即可。

str 通过 encode()方法可以编码为指定的 bytes;反过来,如果从网络或磁盘上读取了字节流,那么读到的数据就是 bytes。要把 bytes 变为 str,就需要用 decode()方法。

还有一种方法也可以实现,具体代码如下:

```
str = 'this is fujieace.com test'
os.write(fd,bytes(str,'UTF-8'))
```

4.8 注意事项

1. 注意密钥管理和安全性

在实验中,密钥的安全性是首要考虑的问题。建议不要将密钥硬编码在代码中,尤其是在公共或共享的环境中。应探索如何安全地存储和传输密钥。此外,确保密钥的长度符合 AES 算法的要求(AES-128,AES-192,AES-256),因为密钥长度直接影响算法的安全性和性能。

2. 正确处理数据编码和填充

AES 算法要求输入数据必须是特定长度的块(如 128 位)。对于非标准长度的数据,需要进行填充以符合这一要求。在实验中,应注意正确实现填充机制(如 PKCS♯7 填充),以确保加解密过程的顺利进行。同时,注意字符串和字节之间的编码转换,确保数据在加解密过程中保持一致。

3. 注意异常处理和错误日志

在实际编程中,异常处理和错误日志是非常重要的。要考虑到可能出现的各种异常情况(如密钥长度不正确、数据格式错误等),并编写相应的异常处理代码。同时,记录详细的错误日志可以帮助快速定位问题并进行修复。

4.9 思考题

1. 分析 AES 算法在军事物联网中处理可变长度明文的灵活性。在军事物联网中,传输的数据包可能包含不同长度的信息,如传感器读数、指令代码或状态报告。请讨论:

(1) 如何使用 Python 中的 AES 算法库(如 pycryptodome)来灵活处理这些可变长度的明文?

(2) AES 算法本身是否对明文长度有限制?如果有,如何通过填充(如 PKCS♯7)或其他方法来解决这一问题?

(3) 在军事物联网的实时性要求下,处理可变长度明文对 AES 加密解密性能有何影响？如何优化以提高效率？

2. 军事物联网中的数据可能包括文本、数字、二进制等多种类型，请分析 AES 算法在军事物联网中处理可变数据类型的能力。

（1）AES 算法如何能够统一地加密这些不同类型的数据？是否需要先将它们转换为统一的格式？

（2）在处理二进制数据时，如何确保加密过程中数据的完整性和正确性，避免数据损坏或丢失？

（3）对于非文本数据（如图像、音频），AES 算法是否仍然适用？如何调整加密策略以适应这些特殊数据类型？

3. 密钥管理是 AES 加密安全性的关键。请探讨 AES 算法在军事物联网中的密钥管理与分发策略。

（1）在军事物联网中，如何设计一个安全的密钥管理系统来管理 AES 密钥？这包括密钥的生成、存储、分发和更新。

（2）考虑军事物联网的分布式特性和动态性，如何确保密钥在多个节点之间安全地分发和同步？

（3）面对可能的密钥泄露风险，军事物联网应采取哪些预防和应对措施？是否需要定期更换密钥？

4. 为了提高 AES 加密在军事物联网中的效率和安全性，请思考如何提升 AES 算法在军事物联网中的性能与安全性。

（1）如何在保持 AES 算法安全性的同时，通过优化算法实现（如使用硬件加速、多线程处理）来提高加密解密的性能？

（2）对于对实时性要求极高的应用场景（如实时战术数据传输），如何平衡 AES 算法加密的安全性和处理速度？

（3）除了基本的 AES 加密外，还有哪些技术或策略可以增强军事物联网中的数据安全性？例如，使用密钥派生函数（KDF）来增强密钥强度，或结合其他加密算法（如 HMAC）来提供完整性校验。

5. 随着量子计算技术的发展，传统加密算法面临被破解的风险。请分析 AES 算法在量子计算威胁下的脆弱性，并提出可能的应对策略，以确保军事通信在未来量子计算时代仍然保持安全。请思考：

（1）AES 算法在量子计算环境下的潜在安全风险是什么？

（2）当前有哪些后量子密码算法（如量子安全的对称加密算法）可以作为 AES 的替代或补充？

（3）如何结合现有的 AES 算法和后量子密码技术，构建更加安全的军事物联网通信加密体系？

4.10 参考代码

```
from Cryptodome.Cipher import AES
from binascii import b2a_hex,a2b_hex
```

```python
class aes():
    def __init__(self,key,mode):
        self.key = key
        self.mode = mode

    def encrypt(self,text,count):
        cryptor = AES.new(self.key,self.mode,b'0000000000000000')
        length = 16  # 不够 16 字节补 0
        if count < length:
            add = (length - count)
            text = text + (b'\0' * add)
        elif count > length:
            add = (length - (count % length))
            text = text + (b'\0' * add)
        self.cipherText = cryptor.encrypt(text)
        return b2a_hex(self.cipherText)

    def decrypt(self,cipherText):
        cryptor = AES.new(self.key,self.mode,b'0000000000000000')
        plainText = cryptor.decrypt(a2b_hex(cipherText))
        return plainText

def main():
    # key = b'1234567890123456'
    key = input("请输入密钥(须 16 字节):")
    key = bytes(key,'utf-8')
    cryptor1 = aes(key,AES.MODE_CBC)
    msg = input("请输入需要加密的信息:")
    msg = bytes(msg,'utf-8')
    cipher = cryptor1.encrypt(msg,len(msg))
    cipher = str(cipher, encoding = "utf-8")
    print('经 AES 算法加密得到的密文是:' + cipher)

    plainText = cryptor1.decrypt(cipher)
    plainText = str(plainText, encoding = "utf-8")
    plainText = plainText.rstrip('\0')
    print('解密得到的明文是:' + plainText)
if __name__ == "__main__":
    main()
```

实验5 基于CrypTool软件的RSA算法加解密实验

5.1 实验目的

（1）理解非对称密码算法的基本思想和特点；

（2）基于 CrypTool 软件，通过实际例子深入理解典型非对称密码算法 RSA 的加解密原理，加深对非对称/公钥算法的理解与认识；

（3）体会理论与实践的关系。

5.2 实验任务

基于 CrypTool 软件，生成用户自己的公钥私钥对，应用 RSA 算法加密明文，并对比算法的运算时间。

5.3 实验环境

5.3.1 硬件环境

Windows 操作系统的计算机 1 台。

5.3.2 软件环境

CrypTool 软件。

5.4 实验学时与要求

学时：2 学时。

要求：独立完成实验任务，撰写实验报告。

5.5 理论提示

5.5.1 RSA 算法

RSA 公钥密码算法是 1977 年由 Ron Rivest、Adi Shamirh 和 LenAdleman 在美国麻省理工学院开发的。RSA 取名来自三位开发者的名字。RSA 是目前最有影响力的公钥加密算法,它能够抵抗目前已知的所有密码攻击,已被 ISO 推荐为公钥数据加密标准。所谓的公开密钥密码体制就是使用不同的加密密钥与解密密钥,是一种"由已知加密密钥推导出解密密钥在计算上是不可行的"密码体制。

RSA 算法基于一个十分简单的数论事实:将两个大素数相乘十分容易,但要对其乘积进行因式分解却极其困难,因此可以将乘积公开作为加密密钥。

RSA 算法是一种非对称密码算法。所谓非对称,就是指该算法需要一对密钥,使用其中一个加密,则需要用另一个才能解密。加密密钥也称为公开密钥,所有用户的公开密钥都可以对外公开,被所有用户访问。然而,每个用户的解密密钥由用户保存并严格保密。解密密钥也称为私有密钥。

实体 B 加密明文消息 M,将密文在公开信道上传送给实体 A,实体 A 接到密文后对其解密。采用 RSA 算法的具体过程如下。

1. 公钥私钥的生成

每个通信实体都需要自己的一对 RSA 的密钥。具体步骤如下:

(1) 随机选择两个大素数 p 和 q,计算 $n=p\times q$;

(2) 根据欧拉函数计算 $r=(p-1)\times(q-1)$;

(3) 选择一个与 r 互质的整数 e,$e<r$;

(4) 求得 e 关于模 r 的模反元素,命名为 d,满足 $e\times d=1 \bmod r$。

(5) p、q 不再需要,可以销毁。

(6) (n,e) 即为公钥,(n,d) 即为私钥。

公钥 (n,e) 可以公开发布,而私钥 (n,d) 必须严格保管。

注意:e 和 d 分别被称为公钥指数/模值(modulus)和私钥指数/模值。"密钥长度"一般指模值的位长度。为了保证 RSA 的安全性(防止破解),目前主流的密钥长度都是 1024 位以上,如 1024、2048、3072、4096 等公钥指数 e 可以随意选,但目前行业上普遍选用 65537 (十六进制 0x10001,该值是除了 1、3、5、17、257 之外的最小素数),选择较小的公钥指数,加密时间就会变短;相应地,计算得到的私钥指数 d 则会更大,解密时间会变长。这种方式比较符合大多数典型应用的需求。1024 位长的模值密钥是一个较大的数字,换成十进制数表达式,如下所示。

2^{1024} = 179769313486231590772930519078902473361797697894230657273430081157732675805500963132708477322407536021120113879871393357658789768814416622492847430639474124377767893424865485276302219601246094119453082952085005768838150682342462881473913110540827237163350510684586298239947245938479716304835356329624224137216

以下是实际应用中的一个 1024 位公钥-私钥对的示例:

公钥 (n,e) 为

(92040937025083980114538037804534268612981293602870457611988248538976180648735579272757579573088724190319748632610086665775981559508595751014422290955541625572601174257174505870980479486337170930025402752121033334523093496428774445280659798459305405393798121701680035096537995764758495172606032836456620308447, 65537)

私钥 (n,d) 为

(92040937025083980114538037804534268612981293602870457611988248538976180648735579272757579573088724190319748632610086665775981559508595751014422290955541625572601174257174505870980479486337170930025402752121033334523093496428774445280659798459305405393798121701680035096537995764758495172606032836456620308447, 22990221387927808024093072292906693580641527324701914813132240239605720085139713943193029549894905396883200102473825758254921923938473113571052875002215062020950422905387668296071326844919479266104757501461061878782780797278743292486902134606212493546888161451230031765354440774551400814722753904279175971633)

如果将其转换为符合公钥加密标准（Public Key Cryptography Standards，PKCS）的 PKCS1 规范要求的格式，如下所示：

公钥为

```
-----BEGIN RSA PUBLIC KEY-----
MIGJAoGBAIMSFcs5eGRvw8maaq7gikmOo4y22oA/AVbnWRmubg8tJNJr2lxJXHJ3n5VgCjubZRICFXKZ1vkSvZEAr0
zH7TQHfBqrS2Adw8YNIOhuDNLo32Te6sQCaE59rZ7KqajnNJcWmAMwDrCTbfHXsxSNjYxO+AzvmSYUlMoj/iNlwT
ffAgMBAAE=
-----END RSA PUBLIC KEY-----
```

私钥为

```
-----BEGIN RSA PRIVATE KEY-----
MIICYAIBAAKBgQCDEhXLOXhkb8PJmmqu4IpJjqOMttqAPwFW51kZrm4PLSTSa9pcSVxyd5+VYAo7m2USAhVymdb5
Er2RAK9Mx+00B3waq0tgHcPGDSDobgzS6N9k3urEAmhOfa2eyqmo5zSXFpgDMA6wk23x17MUjY2MTMvgM75kmFJTK
I/4jZcE33wIDAQABAoGAIL05uGOIkP3h18+8aiYoJKt+ar2Z4oLaYMy00tdhImVSV0UdbAPfFbCPqg4tQCpWmqL
unIuUyO5Hb5rOA82FAfQu+gApt4H/R4ENucoYXIlyuAiBdKUoyGZj2zY13OPvQxgcFRM/ltPG20XPhVVCorFqel+
7YktV9Y8IOvO2QzECRQCsJqautY518fE3Lt+Ylb7SVEO2JZ/W8WjAgmGRXPiYcYhE1MOagCmneiRkknW857FzaQa
O3XL3o3tjNX+UoVdpXoHkvQI9AMLpKhX6Wt7uCbz/laCNOHRz7ikeaUvg8K4+ewdBV/v99BU9GD6QIUk8O1Qaf6
t+ikxU9CjOOBdCtWCOywJEGZD/7jBugNu2rDBc6qdKmKgFClcaHuzpVrXGUbVSAinSSA6lIhvok8PTBdCuhaiPNQ
mi/LKssVRpLbmzQdqYRcDQX6OCPEAjk0Y9RvXPh2uNHX/uZgn8vNbNoxLHCMx2wr0TfvDP8w23UOvdNtJ085kiS6f
wn0eM8dsmRc9+n1DmGQJFAIEA4wlyLZS3Whq65r130gj45qj29l3KWcCHV4h64xAseZCBv2RjwSDwRZeqPrycb3/
6M3exEkSpIwTE7+iZeTzkHP0J
-----END RSA PRIVATE KEY-----
```

PKCS1 规范是公钥密码学领域的一系列标准之一，主要涉及 RSA 密码算法的实现。PKCS(Public Key Cryptography Standards)是由国际标准化组织（ISO）和国际电工委员会（IEC）共同制定的一套关于公钥加密技术的标准。PKCS1 规范具体定义了使用 RSA 算法进行数字签名和数据加密的方法。

2．明文加密算法

实体 B 加密明文消息 M 的操作如下：

(1) 得到实体 A 的真实公钥 (n,e)；

(2) 把消息 M 转换为整数 m，要满足 $0<m<n$；

(3) 计算密文，$C=m^e \bmod n$；

(4) 将密文 C 发送给实体 A。

注意：明文消息 M 在加密前，需要先转换为二进制数组，这个二进制数组作为一个大整数 m 被加密处理。按照 RSA 算法原理，消息 M 存在长度限制，一般来说要小于密钥长度。对 1024 位密钥来说，明文最大长度要小于 1024/8＝128 字节（还要扣除 11 字节的固定填充）；对 2048 密钥来说，明文最大长度要小于 2048/8＝256 字节（还要扣除 11 字节的固定填充）。如果明文长度超过最大限制，则可以将明文消息分段进行加密处理，解密后再将分段拼接回原始明文。因此，RSA 算法一般并不适合用来加密特别长的明文，而是适合加密一些摘要、签名等短消息。

3. 密文解密

实体 A 接收到密文 C，使用自己的私钥 d 计算密文，$m \equiv C^d \mod n$。

图 5-1 描述了一个 RSA 算法加密解密的实际应用流程。

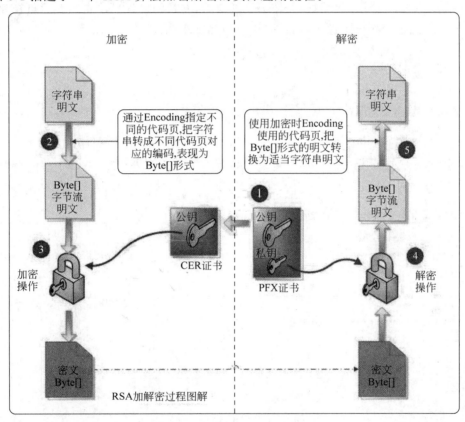

图 5-1　RSA 密码算法应用流程

从运算性能上看，公钥密码算法比对称密码加密的速度要慢，粗略地说，公钥密码算法 RSA 硬件实现比对称密码算法 DES 硬件实现的速度慢 1500 倍，而软件实现的速度要慢 100 倍。

公钥加密有以下优点：

- 大型网络中的每个用户需要的密钥数量少；
- 对管理公钥的可信第三方的信任程度要求不高而且是离线的；
- 只有私钥是保密的，而公钥只需保证它的真实性。

缺点：
- 多数公钥密码算法比对称密码算法加密的速度要慢几个数量级；
- 公钥密码算法的密钥长度比对称密码算法的密钥要长；
- 公钥密码算法没有在理论上被证明是安全的。

5.5.2 CrypTool 软件

CrypTool（CT）是一个面向 Windows 的现代电子学习程序，它将密码学和密码分析可视化。它不仅包括密码的加密和密码分析，还包括它们的基础知识和现代密码学的全部内容。

CT 包含 200 多个具有工作流的现成模板，还可以轻松地组合和执行加密函数，以自己在 CT 中创建工作流（可视化编程）。使用这种方法，复杂的过程可以很容易地可视化，从而更好地理解。通过使用矢量图形，可以自由缩放当前视图。

5.6 实验指导

5.6.1 RSA 密钥对生成

（1）双击运行 SetupCrypTool_1_4_41_en.exe，打开 Cryptool 软件。

（2）依次选择软件上方菜单栏 Digital Signature/PKI→PKI→Generate/Import Keys，如图 5-2 所示。

图 5-2　启动 CrypTool 软件

（3）在弹出的如图 5-3 所示界面中，选择生成 RSA 密钥对的基本参数，如密钥的位数；填写密钥拥有者姓名，本例为[×××][×××]；设置该密钥对的使用权限密码（必填）PIN 等，然后单击左下方第一个按钮 Generate new key pair 生成需要的密钥对。这一步由于计算机性能不同，需要花费的时间稍有不同。

（4）密钥对生成后，弹出如图 5-4 所示界面，标识了密钥拥有者、位数等信息，即可为该用户生成一个新的 1024 位长的 RSA 密钥对，该密钥对含有 1 个公钥和 1 个配对私钥。

此时，原图 5-3 下方 Show key pair 按键将由原来的灰色不可用状态转换为可单击状态。

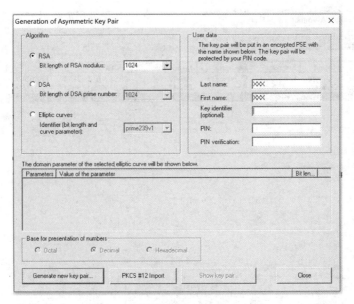

图 5-3　RSA 密钥对生成参数设置

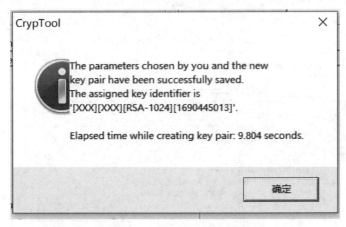

图 5-4　RSA 密钥对生成成功

（5）单击图 5-3 下方 Show key pair 按钮,或依次单击软件上方菜单栏 Digital Signature/PKI→PKI→ Display/Export Keys,可以查看、管理和维护系统中所有可用密钥对,生成其他类型的密码编码格式（如 PKCS）,弹出如图 5-5 所示界面。选中需要查看的公钥对,单击图 5-5 界面中的 Show public parameters 按钮,弹出如图 5-6 所示界面。选择不同的公钥显示格式,可以看到不同进制的公钥 $\{e,n\}$ 的数值。其中,Octal 表示八进制,Decimal 表示十进制（默认）,Hexadecimal 表示十六进制。

5.6.2　RSA 算法加密

1. 创建明文

依次单击 CrypTool 软件上方菜单栏 File→new,在弹出的对话框中输入需要加密的明文字符,然后单击"保存"按钮,明文将以 .text 格式存储在指定位置,或者依次单击 File→open,打开一个提前创建好的 .txt 文件。本例以"I love IOT security"为例,如图 5-7 所示。

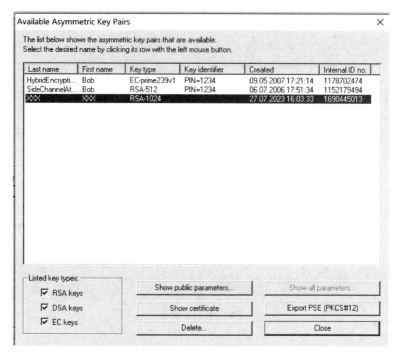

图 5-5　查看生成的 RSA 密钥对

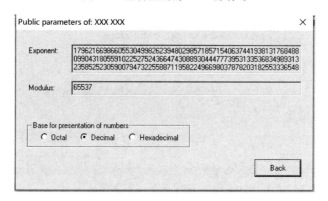

图 5-6　十进制的 RSA 公钥 (e,n)

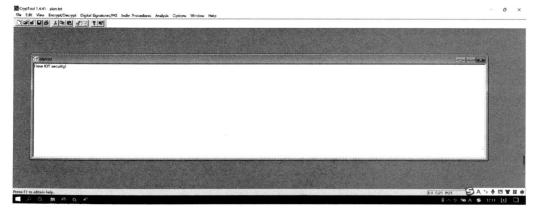

图 5-7　创建明文

2. 选择用于加密的 RSA 公钥

依次单击 CrypTool 软件上方菜单栏 Encrypt/Decrypt→Asymmetric→RSA Encryption，在如图 5-8 所示弹出的界面中选中刚才生成的公钥加密。

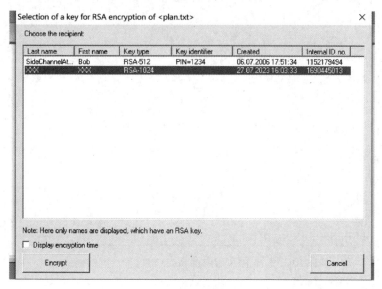

图 5-8　选择用于加密的 RSA 公钥

3. 保存密钥

单击图 5-8 左下方的 Encrypt 按钮，将弹出如图 5-9 所示的密文信息，默认情况下是十六进制。然后单击"保存"按钮，密文将以 .hex 格式存储在指定位置。

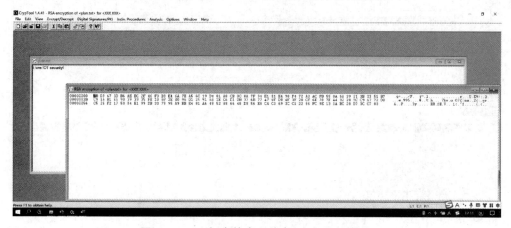

图 5-9　RSA 加密的密文信息（十六进制格式）

5.6.3　RSA 算法解密

依次单击 CrypTool 软件上方菜单栏 Encrypt/Decrypt→Asymmetric→RSA Decryption，在如图 5-10 所示弹出的界面中选中刚才生成的公钥，同时须输入公钥创建时设置的 PIN。然后单击左下方的 Decrypt 按钮，如图 5-11 所示，显示解密明文与原始明文一致，表明解密成功。

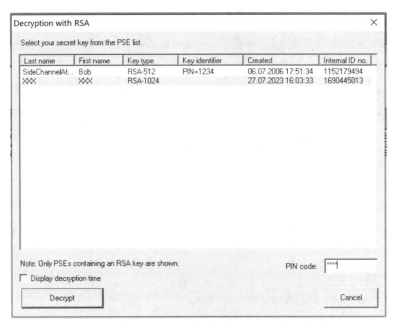

图 5-10　选择 RSA 解密的私钥信息（十六进制格式）

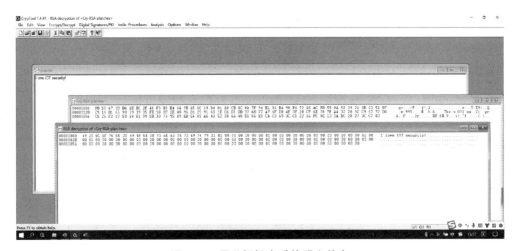

图 5-11　用私钥解密后的明文信息

5.7　注意事项

1. 熟悉 CrypTool 软件

熟悉 CrypTool 软件的界面和功能，知道如何生成密钥对，如何使用公钥加密信息，以及如何使用私钥解密信息。同时，要了解软件中的错误检测和调试工具，以便在实验过程中能够快速定位和解决问题。

2. 密钥管理

强调私钥的保密性。在实验中，私钥一旦泄露，就意味着任何人都可以解密信息，这将严重威胁到通信的安全性。在实验中应妥善处理密钥,不要在不安全的地方存储或传输私钥。

3．实践与理论相结合

在实验中应观察和思考理论如何转换为实际操作。例如,在实验过程中,加密和解密的速度可能比理论预期的要慢,这是因为大数运算的复杂性。同时,注重为提高效率,可以使用优化算法和硬件加速。

4．算法的灵活运用

在实际应用中,非对称密码算法通常与对称密码算法结合使用。非对称加密用于安全地交换对称密钥,而对称加密则用于实际的数据传输,因为对称加密在速度上更优。

5．实验记录和分析

在实验过程中详细记录每一步操作和结果,包括任何遇到的问题和解决方案。这不仅有助于他们理解实验过程,也是学习如何分析和解决问题的好方法。

6．遵守实验规则

遵守实验室的所有规则和安全协议,包括不进行任何未经授权的实验步骤,不尝试破解他人的加密信息,以及不泄露实验中生成的任何密钥。

5.8　思考题

1．RSA算法中,公钥和私钥间的关系是什么?

2．简述设置公钥加密标准(Public Key Cryptography Standards,PKCS)的PKCS1规范的必要性。

3．在军事物联网中,RSA算法因其非对称加密特性被广泛应用于密钥交换和数据加密,请思考:

(1) RSA算法如何帮助军事物联网实现安全的密钥分发?特别是在分布式网络中,如何确保公钥的安全传输和私钥的保密性?

(2) 在军事物联网环境中,如何设计一个有效的密钥管理系统来管理大量的RSA密钥对?考虑到设备的动态加入和离开,以及密钥的定期更换需求。

(3) 分析RSA密钥长度(如1024位、2048位等)对军事物联网安全性和性能的影响,并讨论如何选择适当的密钥长度。

4．RSA算法虽然安全,但相对于对称密码算法(如AES算法)来说,其计算复杂度较高,请思考:

(1) 在军事物联网中,如何优化RSA算法的加密解密性能,以满足实时性要求?是否可以通过硬件加速、算法优化或选择合适的加密模式(如ECB、CBC等)来实现?

(2) 对于传输大量数据的场景,是否可以将RSA算法与其他加密算法(如AES)结合使用,以平衡安全性和性能?具体如何实施?

(3) 分析在资源受限的军事物联网设备(如传感器、无人机等)上运行RSA加密的可行性,并讨论可能的解决方案。

5．随着计算能力的提升(如量子计算机的问世),RSA算法的安全性也受到了一定的

挑战,请探讨:

(1) RSA 算法在军事物联网中面临的主要安全威胁有哪些?如何防御这些威胁,如量子计算攻击、侧信道攻击等?

(2) 考虑到 RSA 密钥的敏感性,如何确保在密钥生成、存储、传输和使用过程中的安全性?是否需要采用额外的安全措施,如物理隔离、访问控制等?

(3) 分析在军事物联网中实施定期更换 RSA 密钥的必要性和实施策略,以确保长期的安全性。

6. 除了传统的加密解密和密钥交换外,RSA 算法在军事物联网中还有哪些创新的应用场景?请思考:

(1) RSA 算法在军事物联网中的创新应用。如何利用 RSA 算法的特性来实现军事物联网中的身份认证和访问控制?具体实现方案是什么?

(2) 探讨 RSA 算法在军事物联网中用于数据完整性校验的可能性,如结合数字签名技术来验证数据的真实性和完整性。

(3) 分析 RSA 算法在军事物联网中与其他安全技术的集成(如区块链、安全多方计算等),并讨论这些集成如何进一步提升军事物联网的安全性和可靠性。

实验6 基于bmrsa软件的RSA算法加解密实验

6.1 实验目的

（1）理解非对称密码算法的基本思想和特点；

（2）基于 bmrsa 软件，通过实例深入理解典型非对称密码算法 RSA 的原理，加深对非对称/密码算法的理解与认识；

（3）体会理论与实践的关系。

6.2 实验任务

基于 bmrsa 软件的 RSA 算法加解密实现。

6.3 实验环境

6.3.1 硬件环境

Windows 操作系统的计算机 1 台。

6.3.2 软件环境

bmrsa 软件。

6.4 实验学时与要求

学时：2 学时。

要求：独立完成实验任务，撰写实验报告。

6.5 理论提示

6.5.1 RSA 算法

详见实验 5。

6.5.2 bmrsa 软件

bmrsa 是一款开源的 RSA 加密小工具,支持 GPL 协议,完全使用 C++编写,包含了 Windows 和 Linux 下的可执行文件。值得注意的是,该软件只能处理英文文本,不支持中文,因此对于中文文本或者二进制文件需要将其转换为 Base64 编码后才能正常使用该软件。

GPL(General Public License)协议是一种最为常见的开源协议,它是由自由软件基金会(FSF)制定的。GPL 协议要求使用该协议的软件必须开源,任何人都可以查看、修改和分发该软件。同时,如果使用该软件的代码进行了修改,那么修改后的代码也必须使用 GPL 协议进行发布。GPL 协议的优点是可以保证软件的开源性,同时也可以防止商业公司将开源软件私有化。但是,由于该协议要求使用该软件的代码必须开源,因此对于商业公司来说,使用该协议的软件可能会受到限制。

6.5.3 Base64 编码

Base64 是一种基于 64 个可打印字符来表示二进制数据的表示方法。Base64 将 ASCII 码或者是二进制编码转换成仅包含如下 64 个字符:

(1) 26 个英文大写字母:A~Z;

(2) 26 个英文小写字母:a~z;

(3) 10 个数字:0~9;

(4) 两个特殊字符:+、/。

由于 64 个字符仅用 6 位就可以全部表示出来,1 字节有 8 位,那么还剩下 2 位,这 2 位用 0 来补充。其实,一个 Base64 字符仍然是 8 位,但是有效部分只有右边的 6 位,左边 2 位永远是 0。

6.6 实验指导

6.6.1 明文文件准备

在 bmrsa 软件的主目录下,新建.txt 文件,再输入一段文本内容(注意尽量不输入中文,如确需加密中文,须将其转换为 Base64 格式),如"Hello world!"等。本例将 bmrsa 软件存放在 F 盘根目录下,即在 bmrsa 程序主目录下新建一名为 text.txt 的文件,在 text.txt 文件中输入需要加密的明文。

6.6.2 密钥文件生成

(1) 进入 Windows 操作系统自带的控制面板程序 cmd 窗口,默认情况下直接进入

C:\Users\Administrator。通过如下两行命令进入 bmrsa 软件的主目录：第一次，输入盘符，第二次进入指定目录，本例是 F：\bmrsa11。

```
C:\Users\Administrator > f:
F:\> cd bmrsa11
```

（2）使用如下命令生成 RSA 算法所需的 key 文件：

```
bmrsa -g 48 -f testkeys.txt
```

其中，-g 参数设置密钥位数，-f 参数设置密钥保存的文件地址，默认情况下是 bmrsa 软件的主目录，testkeys.txt 为保存密钥的文件名称。经过系统多次寻找质数后，运行完毕后程序主目录下会多出 testkeys.txt 文件，运行结果如图 6-1 所示。

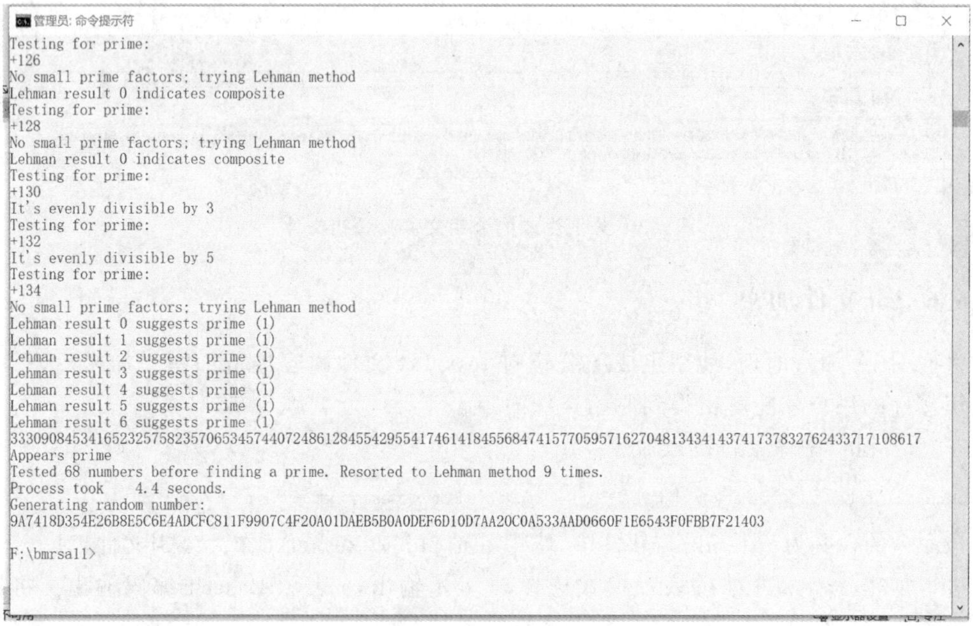

图 6-1 通过命令产生随机数

（3）打开新生成的 testkeys.txt 文件，内容如图 6-2 所示，其中包括了公钥、私钥等信息。

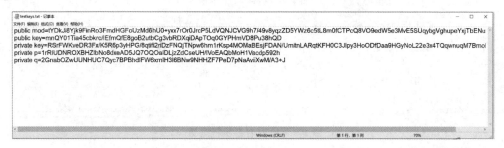

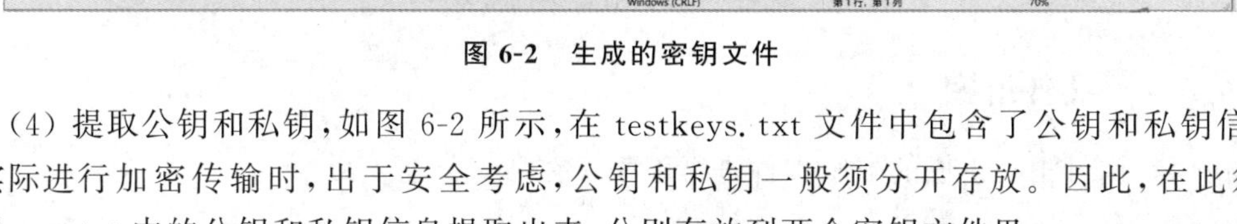

图 6-2 生成的密钥文件

（4）提取公钥和私钥，如图 6-2 所示，在 testkeys.txt 文件中包含了公钥和私钥信息。在实际进行加密传输时，出于安全考虑，公钥和私钥一般须分开存放。因此，在此须将 testkeys.txt 中的公钥和私钥信息提取出来，分别存放到两个密钥文件里。

新建两个文本文件,本例分别将私钥文件命名为 test_private_keys.txt,将公钥文件命名为 test_public_keys.txt。将 testkeys.txt 中的 public mod＝…行,private key＝…行,private p＝…行,private q＝…行复制到私钥文件中。将 testkeys.txt 中的 public mod＝…行和 public key＝…行复制到公钥文件中。两个密钥文件的内容分别如图 6-3 所示。

图 6-3　分别生成的公钥文件和私钥文件

6.6.3　文件加密

根据 RSA 加密原理,使用生成的公钥对 test.txt 文件内容进行加密。加密后,只有拥有私钥文件的用户才能解密得到原始文件内容。

在 cmd 窗口中命令行键入命令:

bmrsa – f test_public_keys.txt – pu – mit – mo6 ＜test.txt＞test.enc.txt

该命令的含义为:在 bmrsa 软件中,使用 test_public_keys.txt 作为公钥文件,对 test.txt 文件进行加密,-mo6 中的 m 表示模式选择,o 表示输出,6 表示 Base64 编码输出。将加密后的内容输入 test.enc.txt 文件。命令执行结果如图 6-4 所示。

```
F:\bmrsa11>bmrsa -f test_public_keys.txt -pu -mit -mo6 <test.txt> test.enc.txt
F:\bmrsa11>
```

图 6-4　执行加密命令

命令执行成功后,会发现主程序目录中新生成一个文件 test.enc.txt,这个文件就是使用公钥对 test.txt 进行加密后的文件。打开该文件查看内容,是一段加密数据,如图 6-5 所示。

```
test.enc.txt - 记事本
文件(F) 编辑(E) 格式(O) 查看(V) 帮助(H)
kwzgg2684GQMGb9P+Zaw4ib6D3bQG2ipgleuzn7s5GfSJ+7nUrnGi2UCKbWJQ8sU+TMIokeK/4P4MwpHYSuTsy+/48mNAMvPCTvuOpOrhN92cvLkVJmSVmGS6u0hbDF6
```

图 6-5　加密命令执行结果

6.6.4　文件解密

使用私钥对刚刚生成的加密文件进行解密。在命令行输入命令:

bmrsa – f test_private_keys.txt – pr – mi6 – mot ＜test.enc.txt＞test.dec.txt

该命令含义为：使用 test_private_keys.txt 作为私钥文件，对 test.enc.txt 文件进行解密，将解密后的内容输出到 test.dec.txt 文件中。命令执行结果如图 6-6 所示。

```
F:\bmrsa11>bmrsa -f test_private_keys.txt -pr -mi6 -mot <test.enc.txt>test.dec.txt
F:\bmrsa11>
```

图 6-6　执行解密命令

命令执行完成后，主程序目录中新生成文件 test.dec.txt，该文件即是解密后的文件，打开文件后，可以查看到原始明文内容，如图 6-7 所示。

图 6-7　解密命令执行结果

6.7　注意事项

1. 理解 RSA 算法原理与参数选择

实验前，应深入理解 RSA 算法的基本工作原理，包括密钥生成（选择两个大质数 p 和 q，计算 $n=p\times q$，以及欧拉函数 $\varphi(n)$ 等）、公钥和私钥的构造（e 和 d 的选择需满足 $ed\equiv 1\ \mathrm{mod}\ \varphi(n)$），以及加密和解密过程（使用公钥加密、私钥解密）。强调参数选择的重要性，特别是大质数 p 和 q 的选取对算法安全性的影响，理解为什么需要选择足够大的质数，并了解不同长度密钥（如 1024 位、2048 位等）在实际应用中的安全性和性能考虑。

2. 实验步骤的严谨性

按照实验手册或教程的步骤逐步进行，确保每个步骤都正确无误。特别是在生成密钥对、加密和解密数据时，要仔细核对输入参数和输出结果，避免因疏忽而导致实验失败。同时注意多次实验，尝试不同的数据输入和密钥长度，以加深对 RSA 算法的理解。同时，也要注意保存实验数据和结果，以便后续分析和总结。

3. 安全意识和软件操作

在实验过程中应保持安全意识，不要随意泄露或分享生成的密钥信息。特别是在多人共用的实验环境中，要确保自己的密钥和加密数据得到妥善保护。

熟悉 bmrsa 软件（或类似工具）的操作界面和功能模块，掌握如何正确生成密钥对、加解密数据。同时，也要了解软件的使用限制和注意事项，避免因不当操作而导致软件崩溃或数据丢失。

4. 实验结果的分析与总结

在实验结束后对实验结果进行仔细分析和总结。思考实验中遇到的问题和解决方案，以及 RSA 算法在实际应用中的优势和局限性。注重将实验结果与理论知识相结合，加深对 RSA 算法及其加解密原理的理解。此外，鼓励读者探索其他非对称密码算法（如 ECC、ElGamal 等），以拓宽视野和知识面。

6.8 思考题

1. 图 6-3 所示的公钥和私钥是什么体制的编码,为什么选用该体制?
2. 分析 RSA 算法在军事物联网通信安全中的作用是什么?
（1）分析 RSA 算法如何利用公钥加密和私钥解密来保护军事通信内容,防止未授权访问。
（2）探讨如何通过 RSA 算法的数字签名功能来验证军事通信数据的完整性,确保数据在传输过程中未被篡改。
（3）讨论 RSA 算法在安全密钥交换中的作用,以及它是如何帮助建立一个安全的通信会话的。
3. 在军事物联网中,请思考如何利用 RSA 算法实现设备的身份验证?
（1）研究如何通过数字证书和公钥基础设施（PKI）来实现设备的身份验证,并确保设备身份的真实性。
（2）分析在设备间通信时,如何利用 RSA 算法进行双向认证,以确保通信双方都是经过验证的可信实体。
（3）探讨如何在军事物联网中建立信任链,确保从设备到服务器的整个通信链路都受到 RSA 算法保护。
4. 考虑军事物联网设备计算资源的限制,请思考 RSA 算法在实际应用中可能面临哪些挑战?
（1）考虑如何优化 RSA 算法以适应计算能力有限的军事物联网设备,例如通过选择适当的密钥大小或采用更高效的数学算法。
（2）分析 RSA 算法在加密和解密过程中的能耗,并探讨如何通过算法优化减少能耗,以适应电池供电的军事物联网设备。
（3）讨论在需要快速响应的军事应用场景中,如何确保 RSA 算法不会成为系统响应时间的瓶颈。
5. 军事物联网数据通常包含高度敏感的信息,需要极高的加密强度来保护。然而,高强度的加密往往伴随着性能损耗。请分析 RSA 算法在军事物联网保护中的性能（如加解密速度）与安全性（如密钥长度）之间的权衡,并提出优化方案。
（1）RSA 算法的密钥长度如何影响其加密强度和计算性能?
（2）在军事应用中,如何选择合适的密钥长度以平衡安全性和性能需求?
（3）是否存在其他加密技术或混合加密方案可以与 RSA 算法结合使用,以提高整体性能而不牺牲安全性?

实验7 基于Python语言编程的RSA算法加解密实验

7.1 实验目的

(1) 理解非对称密码算法的基本思想和特点;

(2) 基于 Python 语言编程,深入理解典型非对称密码算法 RSA 的原理,加深对非对称/密码算法的理解与认识;

(3) 体会理论与实践的关系。

7.2 实验任务

基于 Python 语言编程实现 RSA 算法对任意长度、任意形式明文的加解密。

7.3 实验环境

7.3.1 硬件环境

Windows 操作系统的计算机 1 台。

7.3.2 软件环境

集成开发环境 Spyder,支持 Phyon 3.6.4 版本及以上。

7.4 实验学时与要求

学时:2 学时。

要求:独立完成实验任务,撰写实验报告。

7.5 理论提示

7.5.1 RSA 算法

RSA 算法原理详见实验 5。

7.5.2 RSA 算法 Python 加解密模块

通过 Python 语言中的 rsa 模块来进行 RSA 加密和解密操作。rsa 模块是纯 Python 实现的,该模块提供了函数和类来生成 RSA 密钥对进行加密和解密操作,以及进行数字签名和验证等操作。

rsa 模块中使用 rsa.newkeys()函数生成 RSA 密钥对,这个函数会返回一个包含公钥和私钥的元组。

需要注意的是,使用 rsa 模块生成的 RSA 密钥对是纯 Python 实现的,用于学习和简单应用。如果要在实际生产环境中使用 RSA 算法加密,建议使用更强大和更安全的密码学库,如 Cryptography。

7.6 实验指导

7.6.1 实验环境搭建

本实验主要需使用 Python 语言编程,所以需搭建集成开发环境。Spyder 简介详情参考实验 1:环境配置集成开发环境 Spyder。

7.6.2 RSA 算法的编程实现

1. 方式一:根据 RSA 算法原理编程

该方式需要对 RSA 算法原理和实现步骤十分熟悉,适合编程基础较好、编程技能较丰富的学生,整体难度较大。

2. 方式二:根据 Python 语言提供的工具进行编程

该方式需要对 RSA 算法原理、Python 语言相关加解密包(模块)十分熟悉,如 rsa 模块、newkeys()方法、encrypt()方法和 decrypt()方法等,适合编程基础一般的学生,整体难度偏小。

7.6.3 Python 语言关键知识点解析

1. 安装、导入包

(1) Python 语言针对 RSA 公钥加密算法有专门的 rsa 模块,所以应先安装、导入 rsa 模块。

启动 Spyder 编译环境后,直接在右下方的 Console 中输入如下命令:

```
pip install rsa
```

该方式适合在 Spyder 中安装所有数据包。

在.py 中导入 rsa 模块，命令如下：

```
import rsa
```

2. 密钥生成

直接调用 newkeys 方法。方法定义如图 7-1 所示。

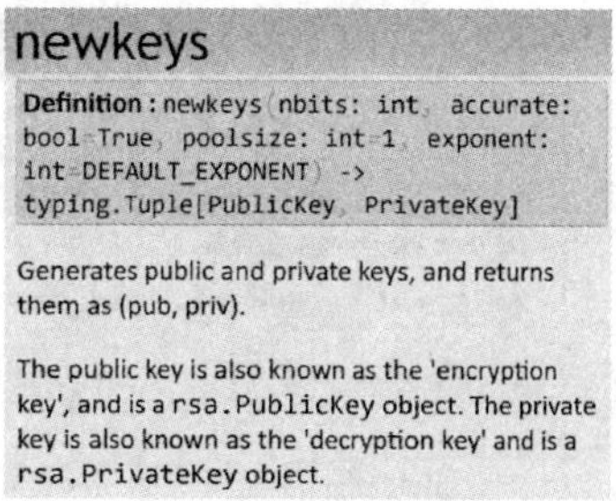
newkeys

Definition : newkeys(nbits: int, accurate: bool=True, poolsize: int=1, exponent: int=DEFAULT_EXPONENT) -> typing.Tuple[PublicKey, PrivateKey]

Generates public and private keys, and returns them as (pub, priv).

The public key is also known as the 'encryption key', and is a rsa.PublicKey object. The private key is also known as the 'decryption key' and is a rsa.PrivateKey object.

图 7-1　newkeys 方法的详细定义

参数说明如下。

nbits：生成的密钥长度(以位为单位)。为了安全性考虑，一般建议选择 1024 位以上的长度。常见的长度包括 2048 位和 4096 位等。

accurate：是否在生成密钥时进行精确的素数检查。默认为 True，表示进行精确检查，可以确保生成的密钥是素数。如果设置为 False，生成速度可能会更快，但密钥的素数性质会稍微减弱。

poolsize：并行生成 RSA 密钥对的线程池大小。默认为 1，表示单线程生成密钥对。如果设置为大于 1 的值，可以加快生成密钥对的速度。

exponent：密钥的指数值。默认为 0x10001(65537)，是 RSA 算法中常用的指数值。

注意：密钥的位数越大，安全性就越高，但生成和处理密钥的时间也会增加。一般来说，2048 位的密钥已经足够安全，如果需要更高的安全性，可以选择更大的位数。

3. 加密

直接调用 encrypt 方法。格式如下：

```
cipher.encrypt
```

1）语法格式

```
def encrypt(message: bytes, pub_key: key.PublicKey) -> bytes:
    """Encrypts the given message using PKCS#1 v1.5"""
```

2）参数说明

message：要加密的消息，数据类型是 bytes。

pub_key：RSA 公钥对象，用于加密数据。通常是 rsa.key.PublicKey 类的实例。

返回值：该方法返回加密后的数据，以字节串形式表示。

4. 解密

直接调用 decrypt 方法。格式如下：

```
cipher.decrypt
```

1）语法格式

```
def decrypt(crypto: bytes, priv_key: key.PrivateKey) -> bytes:
    r"""Decrypts the given message using PKCS#1 v1.5"""
```

2）参数说明

crypto：要解密的密文消息，数据类型是 bytes。

priv_key：RSA 私钥对象，用于解密数据。通常是 rsa.key.PrivateKey 类的实例。

返回值：该方法返回解密后的数据，以字节串形式表示。

5. 结果验证

（1）登录网站，进入如图 7-2 所示界面。

图 7-2　RSA 加解密验证界面

（2）选择"根据私钥解密文本"，进入如图 7-3 所示界面。

图 7-3　RSA 私钥解密验证界面

（3）在"请输入私钥"文本框输入用 Python 程序生成的私钥。提醒：不要直接复制 spider 中 terminal 输出的私钥，因为里面有不可见的字符，须使用以 private_rsa.txt（与 Python 安装在相同根目录下）输出的私钥。同时观察 spider 中 terminal 输出的私钥和 private_rsa.txt 中私钥的异同，如图 7-4 所示。

实验7 基于Python语言编程的RSA算法加解密实验

图 7-4 "请输入私钥"界面

(4) 在"请输入要解密的签名"文本框中输入 Python 程序里用公钥加密生成的密文, 直接复制 spider 软件 terminal 的输出即可, 如图 7-5 所示。

图 7-5 "请输入要解密的签名"界面

(5) 如图 7-6 所示,选择 RSA1,单击"执行"按钮。如果得到解密文件和预设的一致,则表示实验成功。

图 7-6 实验验证界面

7.7 实例代码

```
# -*- coding: utf-8 -*-
"""
Created on Fri Feb 19 15:25:36 2021
import rsa
```

```python
import base64
(publicKey, privateKey) = rsa.newkeys(1024)
print('私钥: ', privateKey)
print('公钥: ', publicKey)
###########################################
pub = publicKey.save_pkcs1()
print('公钥(pkcs1 格式):\n ', pub.decode("UTF 8"))

pubfile = open('publicKey.pem', 'wb')
pubfile.write(pub)
pubfile.close()

pri = privateKey.save_pkcs1()
print('私钥(pkcs1 格式):\n ', pri.decode("UTF 8"))
prifile = open('privateKey.pem', 'wb')
prifile.write(pri)
prifile.close()
###########################################
with open('publicKey.pem') as publickfile:
    p = publickfile.read()
    publicKey = rsa.PublicKey.load_pkcs1(p)
with open('privateKey.pem') as privatefile:
    p = privatefile.read()
    privateKey = rsa.PrivateKey.load_pkcs1(p)
    ###########################################
message = '听党指挥 能打胜仗 作风优良'
print('原始明文:', message)

message = bytes(message.encode("UTF 8"))
# message = message.encode()
cryptedMessage = base64.b64encode(rsa.encrypt(message, publicKey))

print('加密密文:',cryptedMessage.decode('UTF 8'))
d_message = rsa.decrypt(base64.b64decode(cryptedMessage.decode('UTF 8')), privateKey)
# 使用私钥进行解密
d_message = d_message.decode() # 将加密得到明文 bytes 数组转换为 UTF 8 格式的字符串
print('解密得到明文:', d_message)
```

7.8 注意事项

1. 选择合适的库和工具

Python 社区提供了多种用于实现 RSA 算法的库,如 pycryptodome。选择一个稳定且文档齐全的库将有助于简化编码过程,并减少因库的不稳定性带来的问题。

2. 注意密钥管理

在实验过程中,密钥的生成、存储和传输是至关重要的。确保使用安全的随机数生成器来生成密钥,并采取适当的措施保护私钥不被泄露。同时,公钥的分发也应确保安全,避免在不安全的渠道中传输。

3. 遵守编码规范

在编写代码时，遵循 Python 的编码规范和最佳实践。这不仅有助于提高代码的可读性和可维护性，也有助于减少潜在的错误和安全漏洞。

7.9 思考题

1. 在军事物联网中，数据的安全传输至关重要。假设一个军事指挥系统采用了基于 Python 语言的 RSA 算法加密来传输作战指令。请分析 RSA 算法在这种场景下的优势是什么？具体从加密强度、密钥管理以及抗攻击性等进行思考。

(1) 加密强度方面：RSA 算法基于大整数分解难题，在军事物联网中，其加密强度能否有效抵御敌方的强力破解手段？例如，敌方可能投入大量计算资源进行暴力破解，RSA 算法的密钥长度是否足够安全。

(2) 密钥管理方面：在军事环境下，如何确保 RSA 密钥的安全分发和存储？密钥的生成、更新和备份过程中需要采取哪些特殊措施以防止被窃取或篡改。

(3) 抗攻击性方面：对于可能的中间人攻击、重放攻击等，RSA 算法在军事物联网中如何进行防范？如何检测和应对攻击行为，以保证军事物联网数据的完整性和机密性。

2. 考虑军事物联网中的一个传感器网络，这些传感器需要将收集到的数据加密后传输给指挥中心。如果使用 Python 语言实现 RSA 算法，在密钥生成过程中需要注意哪些问题？这些问题对于军事物联网的安全性有怎样的影响？

(1) 密钥生成的随机性：在 Python 中生成 RSA 密钥时，如何确保随机性足够强，以防止敌方通过分析密钥生成过程中的规律来破解密钥？随机数生成器的质量对密钥安全性的影响如何评估。

(2) 密钥长度的选择：考虑军事物联网中不同级别的数据敏感性和传输要求，如何确定合适的 RSA 密钥长度？过长的密钥可能会影响传输效率，过短则可能降低安全性。

(3) 密钥的存储与保护：在军事设备上，如何安全地存储 RSA 密钥？是否需要采用加密存储、硬件安全模块等方式来防止密钥被窃取或泄露。

3. 在军事物联网的实际应用中，可能会面临敌方的攻击试图破解加密数据。假设敌方已知使用了 Python 编写的 RSA 算法，那么他们可能会采取哪些攻击手段？我方又应该如何进一步增强 RSA 算法在军事物联网中的安全性？

(1) 攻击手段分析：敌方可能会采用哪些具体的攻击手段来破解 RSA 算法加密？例如，量子计算的发展可能对 RSA 算法构成威胁，还有侧信道攻击等。

(2) 防御策略制定：针对可能的攻击手段，如何在 Python 实现的 RSA 算法加密中采取相应的防御措施？例如，使用加密硬件加速、增加密钥更新频率等。

(3) 安全监测机制：在军事物联网中，如何建立有效的安全监测机制，及时发现和应对 RSA 加密被攻击的情况？包括异常数据检测、入侵检测系统等的应用。

4. RSA 算法的私钥与公钥能否交换使用？

5. 随着技术的发展，新的安全威胁不断出现，如量子计算对 RSA 等传统密码算法的潜在威胁。请评估 RSA 算法在未来军事应用中的适应性，并提出增强其抗未来安全威胁能力的策略。

（1）量子计算如何影响 RSA 算法的安全性？目前有哪些已知的量子算法可以攻击 RSA？

（2）是否存在后量子密码学算法可以作为 RSA 算法的替代或补充？这些算法在军事物联网应用中的可行性如何？

（3）为了保持 RSA 算法在未来军事物联网通信中的有效性，应采取哪些预防措施和升级策略？例如，增加密钥长度、采用混合加密方案或引入新的安全机制等。

实验 8　基于MD5消息摘要算法的Hash值计算实验

8.1　实验目的

（1）使用 CrypTool 软件，通过 MD5 消息摘要算法计算消息的 Hash 值；
（2）通过实验进一步理解 Hash 运算的特点和在数据签名中的作用。

8.2　实验任务

输入任意长度、任意数据类型的明文消息，使用 CrypTool 软件，通过 MD5 消息摘要算法计算明文消息的 Hash 值，进一步理解 Hash 运算的特点和在数据签名中的作用。

8.3　实验环境

8.3.1　硬件环境

Windows 操作系统的计算机 1 台。

8.3.2　软件环境

CrypTool 软件。

8.4　实验学时与要求

学时：2 学时。
要求：独立完成实验任务，撰写实验报告。

8.5 理论提示

8.5.1 MD5算法

1. 算法简介

密码学上的散列函数(Hash Functions)就是能提供数据完整性保障的一个重要工具。Hash函数常用来构造数据的短"指纹",消息的发送者使用所有的消息产生一个短"指纹",并将该段"指纹"与消息一起传输给接收者。即使数据存储在不安全的地方,接收者重新计算数据的"指纹",并验证"指纹"是否改变,就能够检测数据的完整性。这是因为一旦数据在中途被破坏或改变,短"指纹"就不再正确。

1990年,R. L. Rivest提出Hash函数MD4。MD4不是建立在其他密码系统和假设之上,而是一种直接构造法,所以计算速度快,特别适合32位计算机软件实现,对于长的信息签名很实用。MD5是MD4的改进版,它比MD4更复杂,但是设计思想相似并且也产生了128位摘要。MD5算法对输入仍以512位分组,其输出与MD4相同,是4个32位字的级联,共128比特。MD5算法比MD4算法复杂,计算速度要慢一些,但更安全,在抗分析和抗差分攻击方面表现得更好。MD5算法成为应用非常广泛的一种Hash算法,其本身也存在理论漏洞,在后续多年的研究及应用过程中,人们也一直没有找到能够在可接受的时间及计算能力范围内迅速破解该算法的技术,但理论上的瑕疵并没有影响MD5算法的广泛应用。

对于任意长度的明文,MD5首先对其进行分组,使得每一组的长度为512位,然后对这些明文分组反复重复处理。对于每个明文分组的摘要生成过程如下。

(1) 将512位的明文分组划分为16个子明文分组,每个子明文分组为32位。

(2) 申请4个32位的链接变量,记为A、B、C、D。

(3) 子明文分组与链接变量进行第1轮运算。

(4) 子明文分组与链接变量进行第2轮运算。

(5) 子明文分组与链接变量进行第3轮运算。

(6) 子明文分组与链接变量进行第4轮运算。

(7) 链接变量与初始链接变量进行求和运算。

(8) 链接变量作为下一个明文分组的输入重复进行以上操作。

(9) 4个链接变量中就是128位MD5摘要。

2. 应用场景

常用于不可还原的密码存储、信息完整性校验,如下:

(1) 密码管理(加密注册用户的密码)、电子签名;

(2) 网站用户上传图片/文件后,将MD5值作为文件名(MD5因不可逆,可保证唯一性);

(3) 比较两个文件是否被篡改(在下载资源时,发现网站提供了MD5值,用来检测文件是否被篡改);

(4) key-value数据库中使用MD5值作为key。

8.5.2 Hash 函数

Hash 函数，也被称为哈希函数、散列函数、散列算法，其输入为任意长度的消息，输出为某一固定长度的消息。即 Hash 函数是一种将任意长度的消息映射成为一个定长消息的函数。其中，称为消息的 Hash 值、哈希值、消息摘要，有时也称为消息的指纹。Hash 函数的目的是"通过哈希值唯一标识原信息"，具有如下特点：

1. 压缩性

Hash 函数将一个任意比特长度的输入 x，映射成为短的固定长度的输出 $h=H(x)$，通常情况下 h 的长度远远小于消息 x 的长度，所以说 Hash 函数具有压缩性。

2. 单向性

单向性也称为正向计算简单性-反向计算困难性、或不可逆性。给定 Hash 函数和任意消息输入 x，计算 $H(x)$ 是十分简单和容易的。但已知 $H(x)$，要找到一个消息输入 x，使得它的 Hash 值恰好等于 $H(x)$，在计算上是不可行的。即对给定的任意值 h，求解满足 $h=H(x)$ 的 x 在计算上是不可行的。它是明文到密文的不可逆映射，只有加密过程，没有解密，且加密不需要任何密钥。

3. 抗碰撞性

在介绍抗碰撞性概念之前，先了解什么是碰撞性。

碰撞性是指对于两个不同的消息 x 与 x'，如果 $H(x)=H(x')$，则表明 x 与 x' 发生了碰撞(collision)，也被称冲突。由 Hash 函数的概念可知，虽然 hash 函数可以输入的消息是无限的，但可能的 Hash 值是有限的。显然，不同的消息有可能会产生同一个 Hash 值，即碰撞是存在的，但概率很低，且不可能被人为找到这个碰撞。以经典 Hash 算法 MD5 为例，发生碰撞的概率是 $\frac{1}{2^{128}}$，这个数字到底是多小呢？以太阳的表面积是 6 万亿平方千米，一个原子的截面积大约是 $1nm^2$ 为例进行计算，假设把一个原子放在 56 个太阳中任意一个的表面，这个概率是在这 56 个太阳上随意指定一点，正好点中这个小小小的原子的概率。对 SHA-1 算法来说，这个概率就更低了。(MD5 算法和 SHA-1 算法于 2004 年被我国王小云院士及团队破解了。)

抗碰撞性是指 hash 函数难以被人为发现碰撞的性质。任何安全的 Hash 函数都要求具有抗碰撞性，具体包括弱抗碰撞性和强抗碰撞性两种。

(1) 弱抗碰撞性(弱无碰撞性)：给定定义域中的元素 x，找出定义域中的另一个元素 $x \neq x'$，使其满足 $H(x)=H(x')$ 是非常困难的，在计算上不可行。即要人为找到和某消息具有相同 hash 值的另外一条消息是不可能的。弱抗碰撞性也被称为目标抗碰撞性(Target Collision Resistance,TCR)。

(2) 强抗碰撞性(强无碰撞性)：找到定义域中的两个不同的元素 x 与 x'，满足 $H(x)=H(x')$ 是非常困难的，在计算上是不可行的。即要人为找到 hash 值相同的两条不同的消息是不可能的。强抗碰撞性蕴含着弱抗碰撞性。对于一般的哈希函数而言，如果没有明确指出，通常所说的抗碰撞性是指强抗碰撞性。

4. 高灵敏性

这是从二进制比特位角度出发的,指的是 1 比特位的输入变化会造成 1/2 的比特位发生变化。实际上任意两个消息 x 与 x' 如果略有差别,它们的 Hash 值 $H(x)$ 和 $H(x')$ 会有很大的不同。如果修改明文 x 中的某个比特,就会使输出比特串中大约一半的比特发生变化,即雪崩效应。理想状态下,每一比特输入的改变,都会引起输出的每个比特 50% 概率的改变。构造理想又稳定的雪崩效应是哈希函数的重要设计目标。因此攻击者不能指望对明文消息的稍微改变可以得到一个相似的 Hash 值。

5. 快速性

不管消息有多长,计算消息的 Hash 值所花费的时间必须短。如果不能在非常短的时间内完成计算,Hash 函数就没有存在的意义了。

8.6 实验指导

8.6.1 明文消息准备

依次单击 CrypTool 软件上方菜单栏 File→new,在弹出的对话框中输入需要加密的明文字符,然后单击"保存"按钮,明文将以.text 格式存储在指定位置。或者依次单击 File→open,打开一个提前创建好的.txt 文件。本例以明文消息"明日 8 时在×高地集结。"为例,如图 8-1 所示。

图 8-1 明文消息示意图

8.6.2 MD5 散列值计算

(1) 如图 8-2 所示,依次单击软件上方菜单栏 Indiv. Procedures→Hash→MD5。使用 CrypTool 软件自带的 MD5 算法计算明文消息"明日 8 时在×高地集结。"的散列值。得到该明文对应的 16 字节的 MD5 值:3A AF 73 13 06 69 92 54 AC AA 32 95 E3 2B FE 4F,如图 8-3 所示。

将明文消息做微小改动,改为"明日 8 时在×高地集结!",再次计算出 MD5 值如图 8-4 所示,为 44 29 5A D7 E3 4F AC 91 0E 61 B0 95 F6 27 5E EF。由此可见,即使明文发生微小变化,其 MD5 值变化也很大。

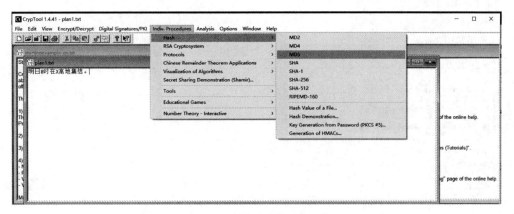

图 8-2 计算明文的 MD5 值

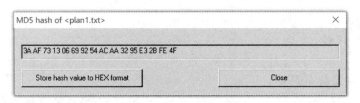

图 8-3 明文的 MD5 值

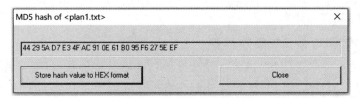

图 8-4 新明文的 MD5 值

（2）打开一个自选的文本文件，计算整篇文字内容的 MD5 值，如图 8-5 显示其结果为 62 4F 94 A8 56 50 F4 FC 9E D0 BD 59 62 04 ED FC。

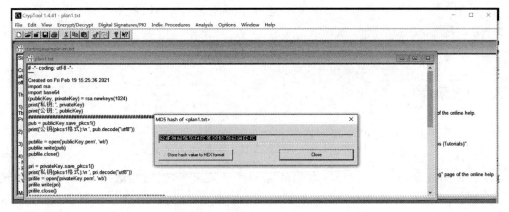

图 8-5 大文件的 MD5 散列值

在文件首行中添加一个空格，再次计算 MD5 值，MD5 值变为如图 8-6 所示的 E7 79 04 2B 12 47 A5 07 DC 08 FF 1C 09 1C F0 C4，可以看到 MD5 值发生了显著变化。

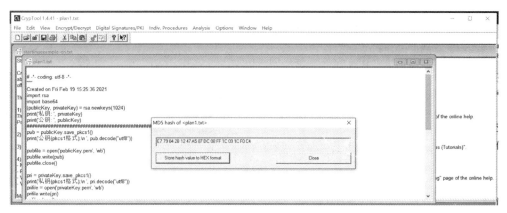

图 8-6 修改后文件的 MD5 散列值

8.7 注意事项

1. 熟悉实验工具与环境

在进行实验之前，请确保已正确安装并配置了 CrypTool 软件。建议预先浏览软件的用户手册或在线教程，了解其基本操作界面、功能模块及使用方法。这将有助于你更高效地利用软件完成 hash 值的计算任务。

2. 提前理解 MD5 算法的基本原理

MD5 算法是一种广泛使用的哈希函数，能够将任意长度的数据（通常称为"明文消息"）映射为固定长度（128 位，即 32 个十六进制字符）的哈希值。在实验过程中，请务必理解 MD5 算法的基本工作原理，包括其如何对输入数据进行分组处理、应用非线性函数以及最终的压缩输出。这将有助于更深刻地认识到 hash 运算的不可逆性和敏感性。

3. 注意明文消息的输入格式

由于 MD5 算法本身不区分数据类型，但在实际使用中，不同的数据类型（如文本、二进制文件等）可能需要以不同的方式输入 CrypTool 软件中。请确保知道如何以正确的格式将明文消息输入软件中，以避免因格式错误而导致的计算错误。

8.8 思考题

1. 分析 Hash 值的特点及其在数据签名中的应用。
2. MD5 算法存在缺陷，但为何目前还在数字签名中普遍使用？
3. 在军事物联网中，确保传输数据的完整性至关重要，以防止数据在传输过程中被篡改。请讨论 MD5 算法如何用于生成数据的 Hash 值，并在接收端验证该 Hash 值以确保数据的完整性。举例说明在何种军事应用场景下（如战术指令、情报报告等）MD5 校验是不可或缺的。

（1）如何基于 MD5 算法计算给定军事物联网数据的 Hash 值？

（2）接收方如何验证 Hash 值以确保数据的完整性？

(3) 如果 Hash 值不匹配,应采取哪些措施来响应潜在的篡改或错误?

4. 尽管 MD5 算法在军事物联网和其他军事领域有广泛应用,但其存在的安全漏洞(如碰撞攻击)使得它不再是所有场合下的最佳选择。请讨论 MD5 算法的局限性,并探讨在军事应用中可能需要的替代 Hash 算法。同时,考虑如何平滑过渡到新算法,以确保现有系统的连续性和安全性。

(1) MD5 算法的哪些局限性可能影响其在军事应用中的安全性?

(2) 哪些替代 Hash 算法(如 SHA-256、BLAKE2 等)更适合军事应用,为什么?

(3) 在过渡到新算法时,应考虑哪些因素以确保系统的平稳运行和安全性?

实验9　基于CrypTool软件的数字签名实验

9.1　实验目的

(1) 理解数字签名的概念和作用；
(2) 通过 CrypTool 软件掌握数字签名生成和验证的方法。

9.2　实验任务

应用 CrypTool 软件，生成任意长度、任意数据类型消息的数字签名，通过数字签名验证，进一步体会数字签名在物联网安全中的作用。

9.3　实验环境

9.3.1　硬件环境

Windows 操作系统的计算机 1 台。

9.3.2　软件环境

CrypTool 软件。

9.4　实验学时与要求

学时：2 学时。
要求：独立完成实验任务，撰写实验报告。

9.5　理论提示

9.5.1　数字签名

数字签名的基础是公钥密码体制，主要有签名生成和签名验证两个环节，如图 9-1 所示。表 9-1 给出了数字签名和公钥密码体制中密钥使用方式的对比。

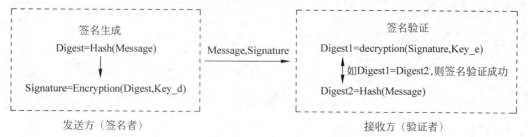

图 9-1 数字签名生成和验证示意图

表 9-1 数字签名和公钥密码体制中密钥使用方式对比

使用方式	私钥	公钥
公钥密码体制	接收方解密时使用	发送方加密时使用
数字签名	发送方(签名者)生成签名时使用	接收方(验证者)验收签名时使用
密钥持有方	个人持有,须严格保密	任何人都可以持有,完全公开

1. 签名生成

发送方(签名者)通过公钥密码算法、用自己的私钥 key_d 对消息摘要 Digest 进行加密,生成了发送方的数字签名 Signature,如式(9-1)所示。发送方将消息 Message 及其数字签名 Signature 一起发送给接收方。其中,消息摘要是消息的 Hash 值。

$$Signature = Encryption(Digest, key\_d) = Encryption(hash(Message), key\_d) \quad (9-1)$$

这里用发送方的私钥加密消息摘要生成的密文并非用于保证机密性,而是用于代表一种只有持有该密钥的人才能够生成的消息,即数字签名是发送方根据消息内容生成的一串"只有发送方才能计算出来的数值"。

2. 签名验证

接收方(验证者)收到消息及发送方的数字签名后,通过以下步骤进行验证。

(1) 用发送方的公钥 Key_e 解密收到的数字签名,即得到消息摘要 Digest1;

(2) 将收到的消息用与发送方相同的 Hash 函数生成消息摘要 Digest2;

(3) 比较消息摘要 Digest1 和消息摘要 Digest2:若相同,则数字签名有效,表明消息在传输过程中没有被篡改或伪造,且该消息确实是发送方发出的;若不相同,则数字签名无效,表明消息在传输过程中被篡改或伪造。

所以数字签名要实现的并不是防止篡改或伪造,而是识别篡改或伪造。且必须确保步骤(1)使用的公钥必须真正属于发送者,否则数字签名验证将无效。

传统的签名在商业和生活中广泛使用,主要作为身份的证明手段。在现代的网络活动中,人们希望把签名制度引入网络商业和网络通信的领域,用以实现身份的证明。密码学的发展为数字签名这项技术的实现提供了基础,公钥基础设施(Public Key Infrastructure,PKI)体系也正是利用数字签名技术来保证信息传输过程中的数据完整性以及提供对信息发送者身份的认证和不可抵赖性。

假设甲要寄信给乙,他们互相知道对方的公钥。甲就用乙的公钥加密邮件寄出,乙收到后就可以用自己的私钥解密出甲的原文。由于别人不知道乙的私钥,所以即使是甲本人也无法解密那封信,这就解决了信件保密的问题。另外,由于每个人都知道乙的公钥,他们都可以给乙发信,那么乙怎么确定来信是不是甲的,这就是数字签名的必要性,用数字签名来确认发送方的身份。

数字签名的生成过程如图 9-2 所示。

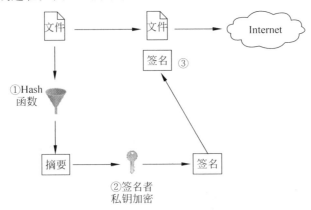

图 9-2　数字签名生成过程

数字签名的验证过程如图 9-3 所示。

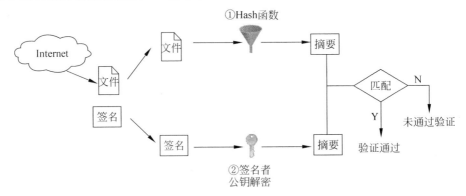

图 9-3　数字签名验证过程

RSA 算法的特点使它非常适合用于满足保密性(privacy)和认证性(authentication)的要求。

9.5.2　邮件加密软件 PGP

PGP(Pretty Good Privacy)是一个基于 RSA 公钥加密体系的邮件加密软件,它提供了非对称加密和数字签名,其创始人是美国的 Phil Zimmermann,他把 RSA 公钥体系的方便性和传统加密体系的高速性结合起来,并且在数字签名和密钥认证管理机制上进行了巧妙的设计,因此 PGP 成为目前非常流行的公钥加密软件包。

PGP 有以下主要功能:

(1) 使用 PGP 对邮件加密,以防止非法阅读;

(2) 能给加密的邮件追加数字签名,从而使接收方进一步确信邮件的发送者,而事先不需要任何保密的渠道用来传递密钥;

(3) 可以实现只签名而不加密,适用于发表公开声明时证实声明人身份,也可防止声明人抵赖,这一点在商业领域有很大的应用前景;

(4) 能够加密文件,包括图形文件、声音文件以及其他各类文件;

(5) 利用 PGP 代替 Unicode 生成 RADIX64(就是 MIME 的 BASE64 格式)的编码文件。

PGP 给邮件加密和签名的过程:首先甲用自己的私钥将上述的 128 位值加密,附加在邮件后,再用乙的公钥将整个邮件加密(要注意这里的次序,如果先加密再签名的话,别人可以将签名去掉后签上自己的签名,从而篡改了签名)。因此这份密文被乙收到以后,乙用自己的私钥将邮件解密,得到甲的原文和签名,乙的 PGP 也从原文计算出一个 128 位的特征值来和用甲的公钥解密签名所得到的数进行比较,如果符合,则说明这份邮件确实是甲寄来的,这样两个安全性要求都得到了满足。

9.6 实验指导

9.6.1 RSA 密钥对生成

参考实验 5,生成 RSA 公钥和私钥对。

9.6.2 消息数字签名生成与验证

1. 准备明文文件

依次单击 CrypTool 软件上方菜单栏 File→new,在弹出的对话框中输入需要加密的明文字符,然后单击"保存"按钮,明文将以.text 格式存储在指定位置。或者依次单击 File→open,打开一个提前创建好的.txt 文件。本例以明文消息"明日 8 时在×高地集结。"为例。

2. 设置参数

用生成的 RSA 私钥对消息的 Hash 值进行数字签名,即用私钥对消息的 MD5 值进行加密。依次单击软件上方菜单栏 Digital Signatures/PKI→Sign Document,如图 9-4 所示。在弹出的如图 9-5 所示的对话框中选择用于加密的私钥和相关参数设置,如选择的 Hash 函数、数字签名方法等,输入生成 RSA 公钥时对应设置的 PIN。

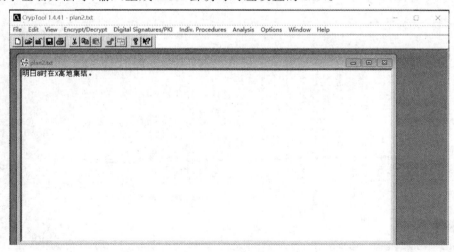

图 9-4 明文数字签名

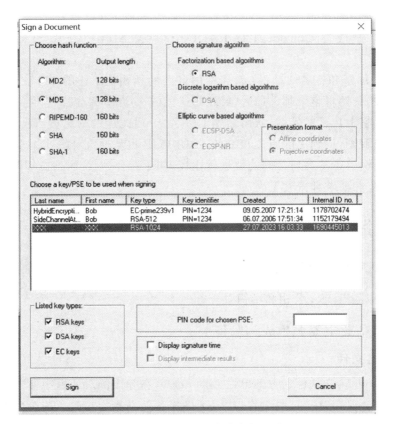

图 9-5　明文数字签名的参数设置

3. 生成数字签名

单击图 9-5 左下方"Sign"按钮，生成如图 9-6 所示的数字签名结果。

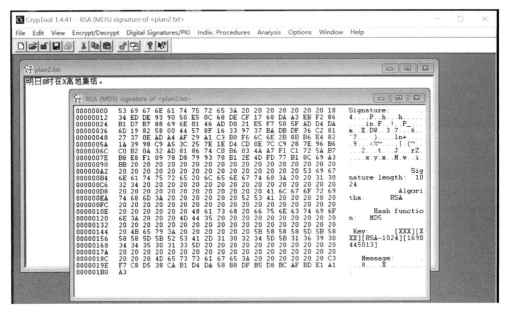

图 9-6　数字签名结果

4. 验证数字签名

单击菜单栏 Digital Signatures/PKI→Verify Signature 按钮，弹出如图 9-7 所示界面，对签名进行验证（即验签），即用与私钥配对的公钥对签名文件进行 RSA 解密，得到原始 MD5 值，与收到的消息（不知道是否被篡改）MD5 值进行对比。如果两个 MD5 值一致，说明签名正确有效，收到的消息没有被篡改过。此时，验签结果为"Correct signature!"（正确签名!），说明签名文件正确，发送方信息没有被假冒或篡改，如图 9-8 所示。

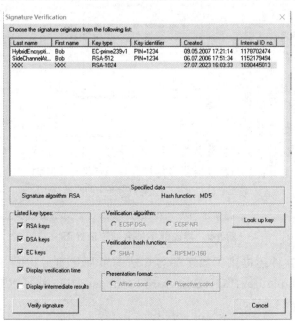

图 9-7　数字签名验证参数设置界面

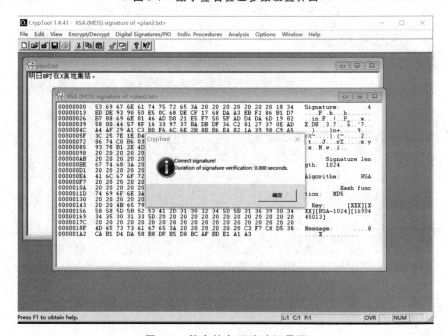

图 9-8　数字签名正确验证界面

在生成的签名文件中,对原文信息进行一点改动,本例中把"8"改为"7",再次验签,这次提示"Invalid signature!"(无效签名!),如图 9-9 所示。

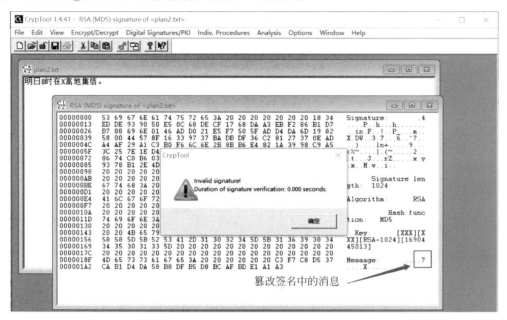

图 9-9 篡改数字签名的验证界面

此外,CrypTool 软件还提供了数字签名算法的可视化演示功能,如图 9-10 所示,通过选择菜单栏 Digital Signature/PKI→Signature Demonstration 就可以打开一个数字签名可视化流程面板,如图 9-11 所示。

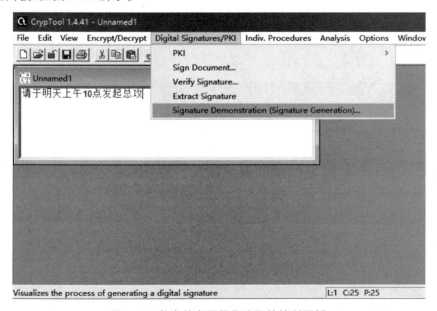

图 9-10 数字签名可视化流程的控制面板

用鼠标单击相应功能框,将依次进行数据签名、加密、解密等处理。

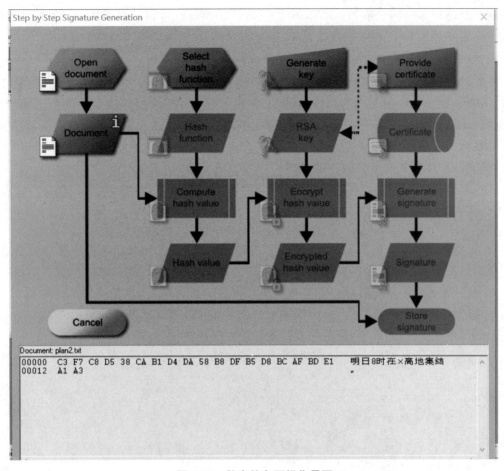

图 9-11 数字签名可视化界面

9.7 注意事项

1. 明确实验目的与原理

在开始实验之前,请确保对数字签名的基本概念、生成原理及验证过程有清晰的理解。数字签名利用非对称加密技术,结合私钥进行签名生成,公钥进行签名验证,确保信息的发送者身份不可抵赖,同时信息内容在传输过程中未被篡改。这一理解对于后续实验步骤的执行及结果分析至关重要。

2. 准备实验环境与数据

请确保 CrypTool 软件已正确安装并配置于实验环境中。同时,准备一份任意长度、任意数据类型的消息作为签名对象。注意,为模拟真实场景,可选择包含敏感信息或重要指令的数据进行测试,以更好地体会数字签名在保护数据安全方面的作用。

3. 仔细操作数字签名生成与验证流程

在 CrypTool 软件中,按照软件指引或教程逐步进行数字签名的生成与验证。注意,在生成签名时,需使用正确的私钥及可能的签名算法选项;在验证签名时,则需确保使用与签名生成时相匹配的公钥及数据。此过程中,任何细微的操作失误都可能导致签名验证失败,因此请务必保持耐心与细心。

4. 分析实验结果并思考数字签名在物联网安全中的应用

完成数字签名的生成与验证后,请认真分析实验结果,确认签名是否成功生成并被正确验证。随后,结合物联网安全的具体场景,思考数字签名如何帮助解决设备身份认证、数据完整性验证及防篡改等问题。例如,在物联网设备间通信时,通过数字签名可确保信息的来源可靠且内容未被篡改,从而增强系统的整体安全性。这种思考有助于将理论知识与实际应用相结合,加深对数字签名技术的理解。

9.8 思考题

1. 通过修改数字签名前后,验证结果的不同,能说明什么?这对保护物联网安全有什么意义?
2. 数字签名在军事物联网中的基本作用是什么?
3. 结合军事物联网的特点,分析数字签名技术如何提升战场态势感知能力?
4. 在"马赛克战"战术中,数字签名技术如何发挥作用?
5. 未来军事物联网的发展中,数字签名技术可能面临哪些挑战,并如何应对?

实验10 基于Python语言编程的数字签名实验

10.1 实验目的

（1）通过实验进一步理解数字签名的概念和作用；

（2）掌握基于Python语言编程，特别是基于rsa模块的sign()方法和verify()方法分别生成和验证数字签名，直观感受什么是数字签名。

10.2 实验任务

基于Python语言编程的数字签名生成与验证。

10.3 实验环境

10.3.1 硬件环境

Windows操作系统的计算机1台。

10.3.2 软件环境

集成开发环境Spyder，支持Phyon 3.6.4版本及以上。

10.4 实验学时与要求

学时：2学时。

要求：独立完成实验任务，撰写实验报告。

10.5 理论提示

10.5.1 数字签名

数字签名理论提示详见实验9。

10.5.2 数字签名 Python 模块

由于数字签名的基础是公钥密码体制,因此仍使用实验 7 介绍的 rsa 模块来完成数字签名实验,主要包括生成密钥对、生成数字签名和验证签名操作。

10.6 实验指导

10.6.1 实验环境搭建

本实验主要需使用 Python 语言编程,所以需搭建集成开发环境 Spyder 简介,详情参考实验 1:环境配置集成开发环境 Spyder。

10.6.2 相关库(包、模块)安装导入

1. 准备包(模块)

Python rsa 模块是一个用于加密和解密数据的 Python 库。Python rsa 模块的使用非常简单,只需要安装模块并导入即可。以下是使用 Python rsa 模块的步骤。

1) 安装 Python rsa 模块

要使用 Python rsa 模块,首先需要安装它。可以使用 pip 命令来安装 Python rsa 模块。在命令行中输入以下命令即可:

```
pip install rsa
```

2) 导入 Python rsa 模块

安装 Python rsa 模块后,需要在 Python 代码中导入它。可以使用以下代码导入 Python rsa 模块:

```
import rsa
```

2. 生成密钥(公钥和私钥)

在使用 RSA 算法进行加密和解密数据之前,需要生成一对公钥和私钥。可以使用 Python rsa 模块中的 newkeys() 方法来生成密钥对。newkeys() 方法详解如图 10-1 所示。

以下是生成密钥对的代码:

```
(public_key, private_key) = rsa.newkeys(512)
```

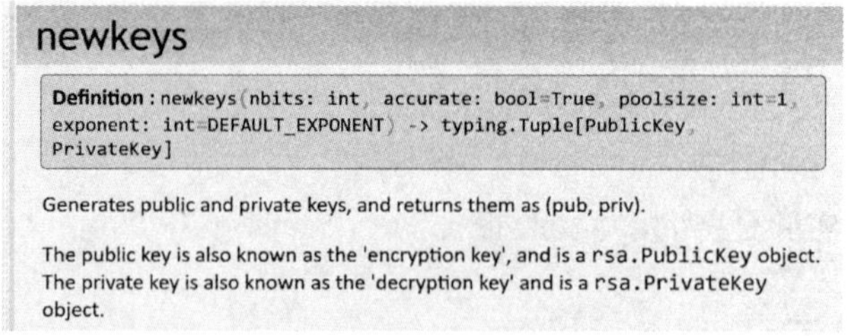

newkeys

Definition: newkeys(nbits: int, accurate: bool=True, poolsize: int=1, exponent: int=DEFAULT_EXPONENT) -> typing.Tuple[PublicKey, PrivateKey]

Generates public and private keys, and returns them as (pub, priv).

The public key is also known as the 'encryption key', and is a rsa.PublicKey object.
The private key is also known as the 'decryption key' and is a rsa.PrivateKey object.

图 10-1 newkeys()方法详解

3. 生成数字签名

调用 sign() 方法,方法详细描述如图 10-2 所示。

方法功能：通过私钥对消息进行签名。
输入：消息（字节类型）、私钥（类）、Hash 值计算方法（字符串）。
输出：消息的签名模块（字节类型）。

4. 验证签名

验证签名调用 verify( )方法，该方法具体表述如图 10-3 所示。

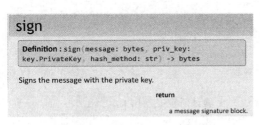

图 10-2　sign( )方法详解

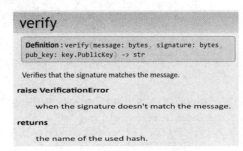

图 10-3　verify( )方法详解

输入：消息（字节类型）、数字签名（字节）、公钥（类）。
输出：
（1）如果通过验证，输出使用的 Hash 函数（字符串）；
（2）如果没通过验证，则输出验证异常。

10.6.3　数字签名 Python 语言编程实现

1. 方式一：根据数字签名的基本概念编程

该方式需要对数字签名的基本原理和实现步骤十分熟悉，适合编程基础较好、编程技能较丰富的学生，整体难度较大。

2. 方式二：根据 Python 语言提供的工具进行集成编程

该方式需要对数字签名的基本原理、Python 相关加解密包（模块），如 RSA 模块、newkeys( )方法、sign( )方法和 verify( )方法等十分熟悉。该方式适合编程基础一般的学生，整体难度偏小。

10.7　实例代码

10.7.1　实例一

```
"""
Created on Thu Apr 27 09:57:39 2023
@author: Administrator
"""
# 用简单的公钥生成方法
from Cryptodome.PublicKey import RSA
from Cryptodome.Signature import pkcs1_15
from Cryptodome.Hash import MD5
key = RSA.generate(2048)

# 任务 1:准备一个私钥文件,一个公钥文件,一个数据文件
```

```python
private_key = key.export_key()
public_key = key.publickey().export_key()
data = "I love you"
with open("private_key.pem", "wb") as prifile,\
    open("public_key.pem", "wb") as pubfile,\
    open("data.txt","a") as datafile:
    prifile.write(private_key)
    pubfile.write(public_key)
    datafile.write(data)

# 签名
with open("data.txt", "r") as datafile:
    data = datafile.read()

# 任务2:定义签名函数,能够使用指定的私钥对数据文件进行签名,并将签名结果输出到文件返回
def signaturer(private_key, data):
    # 获取消息的 Hash 值,如果选择使用摘要算法 MD5,验证时也必须用 MD5
    digest = MD5.new(data.encode('UTF-8'))
    # 使用私钥对 Hash 值进行签名
    signature = pkcs1_15.new(private_key).sign(digest)
    # 将签名结果写入文件
    sig_results = open("sig_results.txt", "wb")
    sig_results.write(signature)
    sig_results.close()
    return sig_results
    print(signature)

# 任务3:定义签名验证函数,能够使用指定的公钥对任务2中的签名文件进行验证,返回验证结果
def verifier(public_key, data, signature):
    digest = MD5.new(data.encode('utf-8'))
    try:
        pkcs1_15.new(public_key).verify(digest, signature)
        print("验证成功!!!")
    except:
        print("签名无效!!!")

# 任务4:利用任务1中的文件对任务2和3中的函数进行测试
with open('private_key.pem') as prifile, \
        open('data.txt') as datafile:
    private_key = RSA.import_key(prifile.read())
    data = datafile.read()
    signaturer(private_key, data)
with open('public_key.pem') as pubfile, \
        open('data.txt') as datafile, \
        open('sig_results.txt', 'rb') as sigfile:
    public_key = RSA.import_key(pubfile.read())
    data = datafile.read()
    signature = sigfile.read()
    verifier(public_key, data, signature)
```

10.7.2 实例二

Python 环境下编程实现明文的 Hash 值计算,需要用到 hashlib 库。下面的示例代码是在前面 RSA 算法代码基础上添加少量几行语句(第 48~52 行),实现了 MD5 值计算和签名、验证功能。

代码示例 10-7-1：基于 hashlib 的 MD5 计算。

```
1    # -*- coding: utf-8 -*-
2    """
3    代码示例 10-7-1:利用 hashlib 计算 Hash 值
4    """
5    import hashlib                                    # 导入 hashlib 模块
6    import time                                       # 导入时间模块,用于计时
7    # 计算字符串的 MD5
8    md5 = hashlib.md5()
9    plainText = '如何使用 how to use md5 in Python hashlib?'
10   md5.update(plainText.encode('utf-8'))
11   print('MD5 值是:', md5.hexdigest())
12
13   # 计算任意长度、各类型文件(文档、图片、可执行程序等)的 MD5 值
14   def fileMD5(file_path, Bytes = 1024):             # 定义一个函数,便于调用
15       md5_obj = hashlib.md5()                       # 创建一个 md5 对象
16       with open(file_path,'rb') as f:               # 打开一个文件,必须是 rb 模式打开
17           while 1:
18               f_data = f.read(Bytes)                # 每次从文件流中读取固定字节
19               if f_data:  # 读取内容不为空时(即未到文件末尾)循环读取,更新 update
20                   md5_obj.update(f_data)
21               else:                                 # 当整个文件读完之后,停止 update
22                   break
23       MD5_value = md5_obj.hexdigest()               # 获取这个文件的 MD5 值
24       f.close()                                     # 关闭文件
25       return MD5_value                              # 函数返回结果
26
27   start_time = time.time()                          # 获取当前时间
28   f_MD5 = fileMD5(r'e:/实验指导书 v1.5.doc')        # 打开包含路径目录的文件
29   end_time = time.time()                            # 获取当前时间
30   print('计算文件 MD5 值耗时时(秒):', end_time - start_time)
31   print('文件的 MD5 值是:', f_MD5)
```

代码示例 10-7-2：基于 RSA 和 hashlib 的加密签名。

```
1    # -*- coding: utf-8 -*-
2    import rsa
3    import hashlib
4    # 生成 1024 位的随机密钥对
5    (publicKey, privateKey) = rsa.newkeys(1024)
6    print('私钥: ', privateKey)                       # 输出私钥,观察格式
7    print('公钥: ', publicKey)                        # 输出公钥,观察格式
8    ##########################################
9    ## 以下代码把公钥、私钥转换为 pkcs1 格式,并保存至文件中
10   pub = publicKey.save_pkcs1()                     # 私钥格式转换
11   print('公钥(pkcs1 格式):\n ', pub.decode("utf8"))  # 输出公钥,观察格式变化
12   pubfile = open('publicKey.pem', 'wb')
13   pubfile.write(pub)
14   pubfile.close()
15
16   pri = privateKey.save_pkcs1()
17   print('私钥(pkcs1 格式):\n ', pri.decode("utf8"))         # 输出私钥,观察格式变化
18   prifile = open('privateKey.pem', 'wb')
19   prifile.write(pri)
20   prifile.close()
21   ##########################################
```

```
22      ## 以下从文件中重新读入公钥和密钥
23      with open('publicKey.pem') as publickfile:
24          p = publickfile.read()
25          publicKey = rsa.PublicKey.load_pkcs1(p)
26
27      with open('privateKey.pem') as privatefile:
28          p = privatefile.read()
29          privateKey = rsa.PrivateKey.load_pkcs1(p)
30      ############################################
31      message = 'I love information security'       #此处输入要加密的明文
32      print('原始明文:', message)
33
34      message = message.encode()                    #将明文字符串转换为加密要求的bytes数组
35      cryptedMessage = rsa.encrypt(message, publicKey)    #使用公钥进行加密
36      print('加密密文:', cryptedMessage)
37
38      d_message = rsa.decrypt(cryptedMessage, privateKey)   #使用私钥进行解密
39      d_message = d_message.decode()  #将加密得到明文bytes数组转换为UTF8格式字符串
40      print('解密得到明文:', d_message)
41      # 以下利用hashlib库计算得到MD5值,只是验证显示,与第48行rsa库签名无关联
42      MD5_hash = hashlib.md5()
43      MD5_hash.update(message)
44      print("明文的MD5散列值:",MD5_hash.hexdigest())
45
46      #以下是扩展代码
47      # 用rsa库完成签名.(原理为私钥用于加密散列值,公钥用于验证签名是否正确)
48      signature = rsa.sign(message, privateKey, 'MD5')    #MD5可换用SHA-1等
49      print('签名:',signature)
50      print('签名base64格式:',base64.b64encode(signature))
51      signature_out = rsa.verify(message, signature, publicKey)
52      print('签名验证:',signature_out)
```

调试、验证并扩展完善以上代码示例,生成一个 RSA 密钥,将公钥转码为 PKCS1 格式保存到一个文本文件中,将文件以"学号×××+姓名××-公钥.txt"格式公开发布(如上传至班级课程群),然后计算本次实验报告文件的 MD5 值,将 MD5 值签名加密生成一个签名文件。将实验报告文件与该签名文件一起提交发布。同组两个学生对彼此的实验报告文件进行签名验证实验。

10.8 注意事项

1. 熟悉 Python 编程及 rsa 模块的使用

鉴于实验将基于 Python 语言及 rsa 模块进行,读者应提前熟悉 Python 编程环境,了解基本的编程语法和逻辑结构。同时,需要详细阅读 rsa 模块的文档,掌握 sign 方法和 verify 方法的具体用法、参数设置及返回值含义。这将有助于更加高效地编写代码,减少因编程错误导致的实验障碍。

2. 注意密钥管理与安全性

在生成和验证数字签名的过程中,密钥的管理至关重要。私钥必须严格保密,仅由签名者持有;而公钥则可以公开分享,用于验证签名。在实验时,应确保私钥的安全存储,避免泄露给未经授权的用户。同时,也应注意公钥的完整性,防止在传输过程中被篡改。

3. 分析实验结果并反思学习过程

完成实验后,读者应对实验结果进行深入分析,验证数字签名的正确性和有效性。通过比较签名前后的数据、观察验证过程的输出等方式,加深对数字签名机制的理解。此外,还应对整个学习过程进行反思,总结自己在实验过程中遇到的问题、解决的方法以及从中获得的启示。这将有助于巩固所学知识,并为未来的学习和研究打下坚实的基础。

10.9 思考题

1. 数字签名的作用是什么?

2. 在军事物联网中,数字签名用于确保数据的完整性和来源的真实性,请思考数字签名在军事物联网中的安全性与验证机制。

(1) 如何使用 Python 编程实现一个基本的数字签名生成与验证过程?选择一种常用的数字签名算法(如 RSA、ECDSA 等)进行实现。

(2) 分析数字签名在军事物联网中如何防止数据篡改和伪造,并讨论其安全性优势。

(3) 设计一个实验场景,模拟军事物联网中数据包的传输与接收,并使用数字签名进行验证,以展示其在保障数据安全方面的作用。

3. 不同的数字签名算法在安全性、性能和计算资源消耗上存在差异,请思考数字签名算法的选择与性能优化。

(1) 在军事物联网环境下,如何选择最适合的数字签名算法?考虑算法的安全性、计算复杂度、资源消耗以及硬件兼容性等因素。

(2) 使用 Python 编程对比不同数字签名算法(如 RSA、ECDSA、DSA 等)的性能,分析它们在军事物联网中的适用性。

(3) 探讨如何通过优化算法实现或使用硬件加速来提高数字签名生成与验证的效率,以满足军事物联网的实时性要求。

4. 数字签名虽然强大,但也面临一定的安全威胁。请思考数字签名在军事物联网中的安全威胁与防御策略。

(1) 分析军事物联网中数字签名可能遭受的安全威胁,如密钥泄露、伪造签名等,并讨论这些威胁对系统安全性的影响。

(2) 设计并实施一种或多种防御策略,以应对军事物联网中数字签名的安全威胁。例如,定期更换密钥、使用多因素认证、加强密钥管理等。

(3) 使用 Python 编程模拟一种安全威胁场景,并展示如何通过数字签名及其防御策略来有效应对该威胁。

5. 数字签名在军事物联网中的应用不仅限于数据完整性和来源验证,请思考:数字签名在军事物联网中的创新应用。

(1) 探讨数字签名如何与军事物联网中的其他安全技术(如区块链、身份认证、访问控制等)相结合,以提升系统的整体安全性。

(2) 设计一个基于数字签名的创新应用场景,如军事物联网中的命令与控制系统,使用数字签名确保命令的真实性和完整性,防止恶意篡改或伪造。

(3) 使用 Python 编程实现这一创新应用场景的一部分或全部功能,展示数字签名在提升军事物联网安全性和可靠性方面的潜力。

实验 11

M1卡复制实验

11.1 实验目的

(1) 熟悉 RFID 标签的分类,能够具体描述基于按工作频段分类的每种卡的特点;
(2) 掌握 RFID 卡的内部数据结构,能够通过相关数据块区分卡的类型。

11.2 实验任务

(1) 通过观察各种 RFID 卡的内部数据结构,能够通过相关数据块区分卡的类型。
(2) 基于 MifareOne Tool 软件实现 M1 卡复制。

11.3 实验环境

11.3.1 硬件环境

装有 Windows 系统的计算机 1 台;NFC 读卡器 1 个,UID 卡和 CUID 卡 1 张以上。
银行卡、校园卡、门禁卡若干(自备)。
智能手机 1 部(选用)。

11.3.2 软件环境

CH340 驱动,解包分析软件 MifareOne Tool,NFC Writer.app(选用)。

11.4 实验学时与要求

学时:2 学时。
要求:独立完成实验任务,撰写实验报告。

11.5 理论提示

11.5.1 RFID

RFID(Radio Frequency Identification),即射频识别,俗称 RFID 标签,是一种非接触式的自动识别技术,它通过射频信号自动识别目标对象并获取相关数据,可快速进行物品追踪和数据交换,无须人工干预。由于 RFID 标签具有成本低、耐磨损、识别速度快、读取距离远、使用寿命长、可动态修改数据等优点,因此广泛应用于资产跟踪、供应链管理、库存管理、高速公路 ETC 系统、门禁、仓储物流、银行卡等诸多领域,成为物联网感知层应用最广泛的一项技术。

RFID 系统主要由三个基本部分组成:标签(Tag)、读写器(Reader)和天线(Antenna)。标签是安装有无线电发射机和接收机的小型设备,用于存储关于其标识的信息。读写器是发送信号以激活标签并读取或写入数据的设备。天线则用于增强信号强度,确保有效通信。

RFID 技术的主要优点包括:快速扫描、体积小、可适应恶劣环境、可重复使用、安全容量大等。这些特性使得 RFID 技术在零售、物流、交通、制造等行业得到了广泛应用。例如,在零售行业中,RFID 可用于商品的快速盘点和库存管理;在物流领域,它可以用于跟踪货物的位置和状态,提高供应链效率;在交通管理中,RFID 可用于车辆自动收费和监控。

1. RFID 标签分类

对 RFID 技术中的核心部件 RFID 标签,可以从工作频段、能否读取、供电方式、调制方式和作用距离等方面进行分类。

按工作频段分类为低频射频标签、高频射频标签、超高频射频标签和微波标签。

低频段射频标签,简称低频标签,其工作频率为 30~300kHz。典型工作频率有 125kHz、134.2kHz。低频标签一般为无源标签,由于非金属材料和水对该频率具有较低的吸收率,因此可以穿透水、有机组织和非金属等材料,主要用于短距离(一般小于 1m)、低成本应用,如门禁卡、校园卡、动物监管等。异形封装较多,一般为无源标签,如图 11-1 所示。

图 11-1 低频段射频标签示意图

高频段射频标签的工作频率一般为 3～30MHz。典型工作频率为 13.56MHz，读取距离在 1m 以内，外形一般遵循国际标准尺寸，为 85.5mm×54mm，主要用于银行卡、公交卡、二代身份证和需传送大量数据的应用，如图 11-2 所示。

图 11-2　高频段射频标签示意图

超高频射频标签的工作频段各国略有差异，北美频段为 902～928MHz，欧洲频段为 865～858MHz，日本频段为 952～954MHz，韩国频段为 910～914MHz。中国、巴西、南非有两段频段，中国的频段是 920～945MHz、840～845MHz，巴西的频段为 902～907.5MHz、915～928MHz。综上，世界上大部分超高频频段集中在 865～954MHz。其线型充满艺术感，存储数据更大，识别距离可达 10m 以上，主要应用于需要较长的读写距离和高读写速度的场合。通过 RFID 手持读写器可对超高频 RFID 电子标签进行批量操作，很适合仓库出入库管理及门店日常盘点工作，如图 11-3 所示。

图 11-3　高频段射频标签示意图

微波射频标签是工作频段最高的一种 RFID 标签，工作频段为 2.45GHz、5.8GHz，识别距离可达 10m 以上，这类标签最为典型的代表就是高速公路上的 ETC(不停车收费卡)，如图 11-4 所示。

图 11-4　微波射频标签示意图

2) 按能否读取分类

按芯片能否读取可以分为只读卡、读写卡、模拟 CPU 卡和 CPU 卡。

CPU 卡目前无法破解，CPU 模拟卡目前有相应技术读取存在 M1 部分的数据，但是没有合适的子卡进行复制。

3) 按供电方式分类

按供电方式分为有源标签、无源标签和半有源标签，如图 11-5 所示。

(a) 有源RFID标签　　　　　　(b) 无源RFID标签　　　　　　(c) 半无源RFID标签

图 11-5　有源标签、无源标签和半有源标签示意图

有源标签是指卡内有电池提供电源，其作用距离较远，且识别动目标能力强，比较适合远距离的人员、物品定位等；但需要定期更换电池，寿命有限、体积较大、成本高，不适合在恶劣环境下工作。在远距离自动识别领域，如智能监狱、智能医院、智能停车场、智能交通、智慧城市、智慧地球及物联网等领域有重大应用。主要工作频率有低频 125kHz，高频 13.56MHz，超高频 433MHz 和 915MHz。在公交卡、食堂餐卡、银行卡、宾馆门禁卡、二代身份证等方面应用广泛。

无源标签内部无电池，它利用波束供电技术将接收到的射频能量转换为直流电源为卡内电路供电，但其作用距离近，识别动目标能力低于有源卡，但寿命长且对工作环境要求不高。主要工作频率有超高频 433MHz、微波 2.45GHz 和 5.8GMHz。

半有源 RFID 产品，结合有源 RFID 产品及无源 RFID 产品的优势，在低频 125kHz 频率的触发下，让微波 2.45GHz 发挥优势。半有源 RFID 技术也可以叫作低频激活触发技术，利用低频近距离精确定位，微波远距离识别和上传数据，解决有源 RFID 和无源 RFID 没有办法实现的功能。简单地说，就是近距离激活定位，远距离识别及上传数据。半有源 RFID 是一项易于操控、简单实用且特别适合用于自动化控制的灵活性应用技术，识别工作无须人工干预，它既可支持只读工作模式也可支持读写工作模式，且无须接触或瞄准；可在各种恶劣环境下自由工作，短距离射频产品不怕油渍、灰尘污染等恶劣的环境，可以替代条码，如用在工厂的流水线上跟踪物体；长距射频产品多用于交通上，识别距离能有几十米，如自动收费或识别车辆身份等。在门禁进出管理、人员精确定位、区域定位管理、周界管理、电子围栏及安防报警等领域有着很大的优势。

4) 按调制方式分类

按调制方式的不同可分为主动式和被动式。

主动式射频标签用自身的射频能量主动地发送数据给读写器，射频卡发射的信号仅穿过障碍物一次，因此主动方式工作的射频卡主要用于有障碍物的应用中，距离比被动式远，可达 30m。

被动式射频标签使用调制散射方式发送数据，它必须利用读写器的载波来调制自己的信号。该类技术适合用在门禁或交通应用中,因为读写器可以确保只激活一定范围之内的射频卡。在有障碍物的情况下用调制散射方式,读写器的能量必须来去穿过障碍物两次。

5) 按作用距离分类

按作用距离可分为密耦合标签(作用距离小于 1cm)、近耦合标签(作用距离小于 15cm)、疏耦合标签(作用距离小于 1m)和远距离标签(作用距离 1~10m 甚至更远)。

2. RFID 卡和 ID 卡、IC 卡、NFC 卡

1) RFID 卡

RFID 卡可以视为 RFID 标签的一种特殊形式,即被封装成卡片形状的 RFID 标签,是非接触式类电子卡片的一种,其工作原理是利用射频信号进行信息的读取和写入。根据卡内集成技术、存储容量、安全性及使用特性等规则进行分类,RFID 卡可以进一步细分为 IC 卡和 ID 卡,如图 11-6 所示。

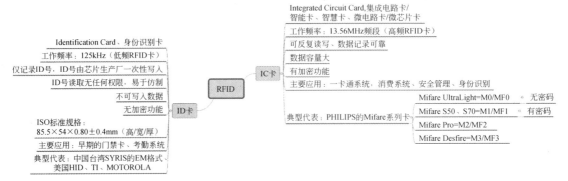

图 11-6　RFID 卡的细分(ID 卡和 IC 卡)

2) ID 卡

ID 卡全称为身份识别卡(Identification Card),是一种不可写入的感应卡,含固定的编号,主要供货商有台湾 SYRIS、美国 HID、TI 和 MOTOROLA 等公司。ID 卡与磁卡一样,卡内除了卡号外,无任何保密功能,且其卡号是公开、裸露的。所以说 ID 卡就是"感应式磁卡",主要应用是早期考勤、门禁系统。ID 卡主要产品芯片有:Mifare UtraLight IC U1、Mifare DESFire 4K;Legic MIM256;ST SR176、SRIX4K;I·CODE 1、I·CODE 2;Tag-it HF-I,Tag-it TH-CB1A;Temic e5551;Atmel T5557、Atmel T5567、Atmel AT88RF256-12;Hitag1、Hitag 2;EM4100、EM 4102、EM4069、EM4150;TK4100;Inside 2K、Inside 16K 等。

ID 卡的主要特点:①工作频率为 125KHz,属于低频卡。②仅记录 ID 号,ID 号由芯片生产厂一次性写入,且在封卡前写入后不可再更改,绝对确保 ID 号的唯一性和安全性。③ID 号读取无任何权限,因此易于仿制。④除了厂家一次性写入卡的 ID 号外,不可写入其他任何数据,属于只读卡。⑤无密钥安全认证机制。

3) IC 卡

集成电路卡(Integrated Circuit Card,IC),也称智能卡、智慧卡、微电路卡或微芯片卡。它是将一个微电子芯片嵌入符合 ISO 7816 标准的卡基中,做成卡片形式。IC 卡由主控芯片 ASIC(专用集成电路)和天线组成,天线只由线圈组成,很适合封装到卡片中。IC 卡与读写器之间的通信方式可以是接触式,也可以是非接触式。IC 卡的概念是在 20 世纪 70 年代

初提出来的,1976年由法国的布尔公司首先创造出IC卡产品,并将这项技术应用于金融、交通、医疗、身份证明等行业,如一卡通系统、消费系统、安全管理、身份识别等。

ISO 7816标准是国际标准化组织(ISO)和国际电工委员会(IEC)共同制定的一项关于智能卡的国际标准。该标准详细规定了智能卡的技术规范,包括物理特性、电气特性、通信协议以及安全功能等方面。

IC卡的主要特点:频率为13.56MHz,属于高频卡;体积小便于携带,符合ISO 7816标准;存储容量大、可读写;可靠性高、使用寿命长;保密性强安全性高。IC卡的典型代表:PHILIPS的Mifare系列卡。Mifare系列卡片根据卡内使用芯片的不同,分为以下四种:Mifare UltraLight,称为MF0,没有密码;Mifare S50和S70,称为MF1,有密码;Mifare Pro,称为MF2;Mifare Desfire,称为MF3。

IC卡又可进一步划分为接触式IC卡和非接触式IC卡。根据基于卡内使用的芯片类型、功能特性以及安全性能等方面,非接触式IC卡可以进一步划分为M1卡、UID卡、CUID卡、FUID卡、UFUID卡,如图11-7所示。

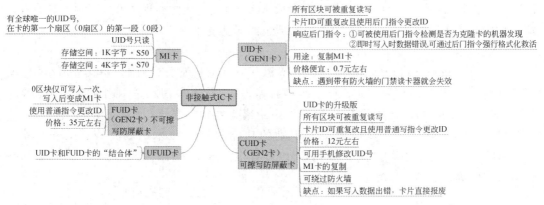

图11-7 非接触式IC卡

(1) UID卡

UID卡,又叫GEN1卡,通常指的是一种特定类型的IC卡,具有以下特点:所有区块可被重复读写,卡片ID可使用后门指令重复改写;能够响应后门指令,主要是指可被使用后门指令检测是否为克隆卡的机器发现,或即使写入时数据错误,可通过后门指令强行格式化救活;价格较便宜,主要用途是作为M1卡的复制卡,但复制卡遇到带有防火墙的门禁读卡器可能会失效。

后门指令是指一种设计用于绕过系统正常身份验证机制的指令集,允许知道其存在的任何人访问系统。这种指令集有时用于系统调试,但在系统发布前应被移除。响应后门指令是指在某些设备或系统中,当接收到特定的后门指令时,系统或设备会执行相应的操作或进入特定的状态。

(2) CUID卡

CUID卡,又叫GEN2卡,是UID卡的升级版。作为一种可擦写防屏蔽的智能卡,不仅继承了IC卡的基本特性,还具备独特的数据存储、加密及防克隆功能。它能够重复擦写所有扇区,确保信息的灵活更新;能使用普通指令更改ID。同时,其加密技术确保了卡内数据的安全性,使得只有合法用户才能访问。CUID卡因其不响应后门指令,难以被反克隆系统识别,因此在门禁系统、考勤管理、会员服务及支付验证等多个领域得到广泛应用,成为一种安全可靠的智能卡解决方案。但是如果写入数据出错,卡片将直接报废。

(3) FUID 卡

FUID 卡是一种优化后的 UID 卡,被称为不可擦写可屏蔽卡,主要特点是在 0 扇区的 0 块数据只能修改一次,并且在这一块数据固化后,卡片与标准 M1 卡完全相同,因此难以被检测和屏蔽。这种设计使得 FUID 卡在使用过程中更加安全,避免了因多次修改而导致的数据错误或卡片损坏的问题。FUID 卡没有后门,这与早期的 UID 卡不同,后者由于存在后门而容易被智能卡系统拦截查杀。此外,FUID 卡的 0 块数据一旦写入并固化后,便无法再次更改,从而确保了数据的一致性和安全性。

(4) UFID 卡

UFID 卡是一种特殊的 IC 复制卡,它结合了 UID 和 FUID 卡的优点,并且摒弃了它们的缺点。UFID 卡具有以下特点:与 UID 卡类似,UFID 卡在未锁定之前可以通过后门指令进行反复擦写,这使得用户可以多次验证数据的正确性。具有自锁机制,在确认数据无误后需要手动锁定卡片。一旦锁定,卡片将变成 M1/S50 卡,从而实现 100% 复制。具有穿防火墙能力,这意味着即使在有防火墙的情况下也能成功复制。

4) NFC 卡

近场通信(Near Field Communication,NFC)是由飞利浦公司发起,由诺基亚、索尼等知名厂商联合主推的一项基于 RFID 的扩展技术,这项技术最初只是 RFID 技术和数据采集技术的简单合并,目前已经演化成为一种短距离无线通信技术,成长态势相当迅速。与 RFID 的差别是,NFC 具备双向连接和识别的功能。NFC 技术的要特点:工作频率为 13.56MHz;工作有效距离:小于 10cm,所以具有很高的安全性;主要应用领域:门禁、公交、移动支付等。

11.5.2 M1 卡

M1 卡是非接触式感应卡,数据保存期为 10 年,可改写 10 万次,读无限次。无电源,自带天线,工作频率为 13.56MHz。内含加密控制逻辑和通信逻辑电路。一般主要有两种:S50 和 S70。

1) S50 卡的结构

S50 容量为 1KB,16 个扇区(Sector),每个扇区 4 块(Block)(块 0~块 3),共 64 块,按块号编址为 0~63。每个扇区有独立的一组密码及访问控制。第 0 扇区的块 0(即绝对地址 0 块)用于存放厂商代码,已经固化,不可更改。其他各扇区的块 0、块 1、块 2 为数据块,用于存储数据;块 3 为控制块,用于存放密码 A、存取控制、密码 B,示意图如图 11-8 所示。

第 0 扇区的块 0(即绝对地址 0 块)用于存放厂商代码,已经固定分配,不可随意更改。其中:第 0~3 字节为卡片的序列号;第 4 字节为序列号的校验码;第 5 字节为卡片内容"size"字节,第 6、7 字节为卡片的类型字节。

每个扇区的块 0、块 1、块 2 为数据块,可用于存储数据。数据块可作两种应用:用作一般的数据保存,可以进行读、写操作;用作数据值,可以进行初始化加值、减值、读值操作。

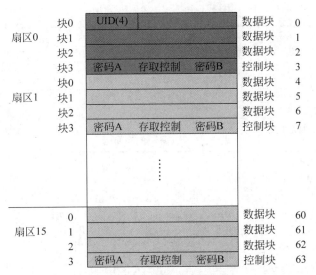

图 11-8 S50 卡的结构示意图

每个扇区的块 3 为控制块,包括密码 A、存取控制、密码 B。具体结构如表 11-1 所示。

表 11-1 控制块结构

A0 A1 A2 A3 A4 A5	FF 07 80 69	B0 B1 B2 B3 B4 B5

其中:
- A0~A5 代表密码 A 的 6 字节;
- FF 07 80 69 为 4 字节存取控制字的默认值,FF 为低字节;
- B0~B5 代表密码 B 的 6 字节。

每个扇区的密码和存取控制都是独立的,可以根据实际需要设定各自的密码及存取控制。存取控制为 4 字节,共 32 位,扇区中的每个块(包括数据块),其存取条件是由密码和存取控制共同决定的,在存取控制中每个块都有相应的 3 个控制位,定义如下:
- 块 0:C10 C20 C30
- 块 1:C11 C21 C31
- 块 2:C12 C22 C32
- 块 3:C13 C23 C33

3 个控制位以正和反两种形式存在于存取控制字节中,决定了该块的访问权限(如进行减值操作必须验证 KEY A,进行加值操作必须验证 KEY B 等)。3 个控制位在存取控制字节中的位置,以块 0 为例,如表 11-1~表 11-3 所示,_b 表示取反。

表 11-1 控制字结构(1)

	bit 7	6	5	4	3	2	1	0
字节 6				C20_b				C10_b
字节 7				C10				C30_b
字节 8				C30				C20
字节 9								

表 11-2 控制字结构（2）

	bit7	bit 6	bit 5	bit 4	bit 3	bit 2	bit 1	bit 0
字节 6	C23_b	C22_b	C21_b	C20_b	C13_b	C12_b	C11_b	C10_b
字节 7	C13	C12	C11	C10	C33_b	C32_b	C31_b	C30_b
字节 8	C33	C32	C31	C30	C23	C22	C21	C20
字节 9								

表 11-3 数据块的存取控制

控制位（x＝0.2）	访问条件（对数据块 0、1、2）					
C1X	C2X	C3X	Read	Write	Increment	Decrement, transfer, Restore
0	0	0	KeyA|B	KeyA|B	KeyA|B	KeyA|B
0	1	0	KeyA|B	Never	Never	Never
1	0	0	KeyA|B	KeyB	Never	Never
1	1	0	KeyA|B	KeyB	KeyB	KeyA|B
0	0	1	KeyA|B	Never	Never	KeyA|B
0	1	1	KeyB	KeyB	Never	Never
1	0	1	KeyB	Never	Never	Never
1	1	1	Never	Never	Never	Never

表中,KeyA|B 表示密码 A 或密码 B,Never 表示任何条件下不能实现。例如,当块 0 的存取控制位 C10 C20 C30＝１００时,验证密码 A 或密码 B 正确后可读。验证密码 B 正确后可写;不能进行加值、减值操作。

控制块 3 的存取控制与数据块(块 0、1、2)不同,它的存取控制如表 11-4 所示。

表 11-4 控制块 3 的存取控制

			密码 A		存取控制		密码 B	
C13	C23	C33	Read	Write	Read	Write	Read	Write
0	0	0	Never	KeyA|B	KeyA|B	Never	KeyA|B	KeyA|B
0	1	0	Never	Never	KeyA|B	Never	KeyA|B	Never
1	0	0	Never	KeyB	KeyA|B	Never	Never	KeyB
1	1	0	Never	Never	KeyA|B	Never	Never	Never
0	0	1	Never	KeyA|B	KeyA|B	KeyA|B	KeyA|B	KeyA|B
0	1	1	Never	KeyB	KeyB	KeyB	Never	KeyB
1	0	1	Never	Never	KeyA|B	KeyB	Never	Never
1	1	1	Never	Never	KeyA|B	Never	Never	Never

例如,当块 3 的存取控制位 C13 C23 C33＝１００时,表示密码 A 不可读,验证 KeyA 或 KeyB 正确后,可写(更改)。

存取控制:验证 KeyA 或 KeyB 正确后,可读、可写。

密码 B:验证 KeyA 或 KeyB 正确后,可读、可写。

通过以上控制器的描述可知,如果控制字为 0xFF 0x07 0x80 0x69 时,即如表 11-5 所示。

表 11-5 控制字（0xFF 0x07 0x80 0x69）

	bit7	bit 6	bit 5	bit 4	bit 3	bit 2	bit 1	bit 0
字节 6	C23_b(1)	C22_b(1)	C21_b(1)	C20_b(1)	C13_b(1)	C12_b(1)	C11_b(1)	C10_b(1)
字节 7	C13(0)	C12(0)	C11(0)	C10(0)	C33_b(0)	C32_b(1)	C31_b(1)	C30_b(1)
字节 8	C33(1)	C32(0)	C31(0)	C30(0)	C23(0)	C22(0)	C21(0)	C20(0)
字节 9								

块 0：C10 C20 C30------------0 0 0

对每个扇区的块 0，在验证密钥 A 或者密钥 B 以后可以进行读、写、增值（Increment）、减值（Decrement）等操作，但绝对地址块 0 只读。

块 1：C11 C21 C31------------0 0 0

对每个扇区的块 1，在验证密钥 A 或者密钥 B 以后可以进行读、写、增值（Increment）、减值（Decrement）等操作。

块 2：C12 C22 C32------------0 0 0

对每个扇区的块 2，在验证密钥 A 或者密钥 B 以后可以进行读、写、增值（Increment）、减值（Decrement）等操作。

块 3：C13 C23 C33------------0 0 1

密码 A：验证密码 A 正确后不可读（所以默认情况下用密钥 A"FF FF FF FF FF FF"读扇区块 3 的数据时，返回的密钥 A 数据是 00 00 00 00 00 00，其实就表示空数据不可读），验证密钥 A 或者密钥 B 正确后，可写（更改）。

存取控制：验证 KeyA 或 KeyB 正确后，可读、可写。

密码 B：验证 KeyA 或 KeyB 正确后，可读、可写。

射频接口部分主要包括波形转换模块。它可接收读写器发出的 13.56MHz 的无线电调制频率，一方面发送给调制/解调模块，另一方面进行波形转换，将正弦波转换为方波，然后对其整流滤波，由电压调节模块对电压进行进一步的处理，包括稳压等，最终输出供给卡片上的各电路。数字控制单元主要针对接收到的数据进行相关处理，包括选卡、防冲突等。M1 卡片采取 EEPROM 作为存储介质，其内部原理如图 11-9 所示。

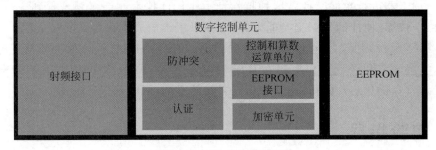

图 11-9 M1 卡内部原理

2) S70 卡的结构

S70 的容量为 4KB，即 32K 的存储容量。S70 卡和 S50 卡在协议和命令上是完全兼容的，唯一不同的就是两种卡的容量，S70 卡一共有 40 个扇区，前面 32 个扇区（0～31）和 S50 卡一模一样；后面 8 个扇区（32～39），每个扇区都是 16 个块，同样每个块 16 字节，并且，最后一块同样是该扇区的密码控制块。

3. RFID 技术与 NFC 技术的区别

NFC(Near Field Communication)技术,即近距离无线通信技术。NFC 是在 RFID 的基础上发展而来,NFC 本质上与 RFID 没有太大区别,从名字可以看出 NFC 技术增加了点对点通信(Communication)功能,NFC 设备彼此寻找对方并建立通信连接,而 RFID 通信的双方设备是主从关系。NFC 相较于 RFID 技术,具有距离近、带宽高、能耗低等特点。

(1) NFC 只限于 13.56MHz 的频段,而 RFID 的频段有低频(125~135kHz)、高频(13.56MHz)和超高频(860~960MHz)。

(2) NFC 工作有效距离小于 10cm,所以具有很高的安全性;RFID 距离从几米到几十米都有。

(3) 因为同样工作于 13.56MHz,NFC 与现有非接触智能卡技术兼容,很多厂商和相关团体都支持 NFC;而 RFID 标准较多,统一较为复杂,只能在特殊行业有特殊需求下,采用相应的技术标准。

(4) RFID 更多地被应用在生产、物流、跟踪、资产管理上,而 NFC 则在门禁、公交、手机支付等领域内发挥着巨大的作用。

11.5.3　ISO 14443 协议标准

ISO 14443 协议标准是一系列关于射频识别(RFID)技术的国际标准,主要用于定义高频 RFID 系统中的通信协议和操作规范。这些标准由国际标准化组织(ISO)和国际电工委员会(IEC)共同制定。

ISO 14443 协议主要分为几部分,每部分详细规定了不同类型的 RFID 标签和读卡器之间的通信方式。例如,ISO/IEC 14443-A 是其中的一部分,它定义了无源电子标签的设计和技术指标要求。这些标签通常用于非接触式智能卡和其他 RFID 应用中,如公共交通、门禁系统等。

ISO 14443 协议的一个关键特点是其支持非接触式操作,即标签可以在没有物理连接的情况下与读卡器进行数据交换。这种特性使得 RFID 技术在许多领域得到了广泛应用,因为它提供了快速、便捷的数据交换能力,同时减少了维护成本和提高了安全性。

此外,ISO 14443 协议还包括对安全性的考虑,如使用加密算法来保护数据传输的安全性。例如,一些研究和设计工作集中在基于 ISO/IEC 14443-A 协议的数字基带电路设计上,这些设计旨在优化芯片面积、速度和功耗之间的平衡,同时确保通信的安全性。

11.6　实验指导

11.6.1　软件安装

1. CH340 驱动安装

USB 转串口 Windows 驱动程序。双击安装文件,单击"下一步"按钮直到结束。

2. MifareOneTool 软件安装

解包分析软件 MifareOne Tool 对 M1 卡中的数据进行编辑操作,免安装。

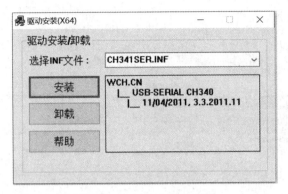

图 11-10　CH340 驱动安装

11.6.2　器件连接

(1) 将如图 11-11 所示的读卡器插入计算机 USB 口；执行"我的电脑"→"属性"→"设备管理器"→"端口"后出现如图 11-12 的界面，表示计算机能正常识别读卡器。

注意：COM3 后面的编号可能会随机变化。

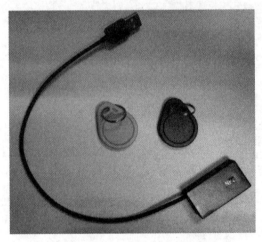

图 11-11　读卡器示意图

图 11-12　读卡器示意图

(2) 将黄色的 CUID 卡片插到读卡器上。

(3) 双击 MifareOneTool.exe 运行软件，在软件最左侧一栏，单击"检测连接"，稍等几十秒后，出现如图 11-13 所示界面，显示了串口的具体编号和波特率设置，表示读卡器和计算机连接成功。

11.6.3　卡复制

(1) 单击"扫描卡片"，出现如图 11-14 所示界面。其中，ATQA 表示读写器对卡片发出请求后，卡片应答返回的卡类型。ATQA：0004H 表示该卡为 Mifare S50，ATQA：0002H 表示该卡为 Mifare S70。UID 表示卡的 ID 号，借助软件可以改写。SAK 对应的数值表示 IC 芯片类型，08-普通 IC 卡，28-CPU 模拟卡，20-纯 CPU 卡。

CPU 卡是一种内置有微处理器的集成电路卡，具有数据存储和处理功能。它通常用于

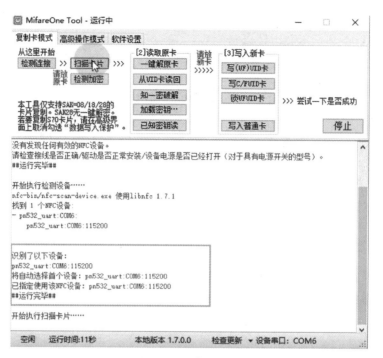

图 11-13　检测连接

图 11-14　扫描卡片

需要高安全性和复杂计算的应用场景，如金融、身份识别、电子护照等领域。CPU 卡与传统的逻辑加密卡相比，具有更高的安全性，因为它们不仅包含加密算法模块，还拥有独立的操作系统（COS），这使得 CPU 卡能够提供更高级别的安全保障。CPU 卡目前无法破解。

CPU 模拟卡是一种特殊的智能卡,它结合了 CPU 卡和 M1 卡的特性,通常由 CPU 部分和 M1 部分组成,例如,复旦 FM1208(7K+1K),其中 7K 代表 CPU 部分的容量大小,1K 代表 M1 卡的容量大小。这种卡片可以通过特定的设备进行读取,如 ProxMark 3(PM3),并且可以通过带有 NFC 功能的手机上的软件进行读卡。

(2) 单击"检测加密",出现如图 11-15 所示界面。

注意:若看到检测加密的结果中所有 Key 都是未知,则很可能无法解密。

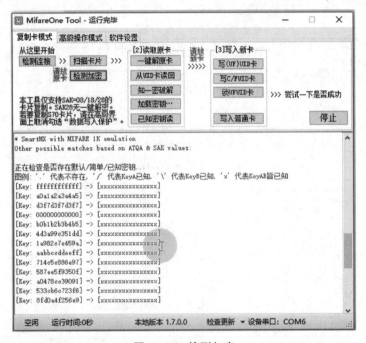

图 11-15 检测加密

(3) 保持卡与读写器通信良好,单击"知密破解"对卡片进行解密,弹出如图 11-16 所示界面(此处 Key 为 FFFFFFFFFFFF)。

图 11-16 知密破解

(4) 破解成功后,保存破解卡数据为 DUMP 格式(Dump 文件又叫内存转储文件或者内存快照文件,是进程的内存镜像),如图 11-17 所示。

(5) 取下黄色的 CUID 卡,把蓝色的 UID 卡插到读写器上,并选择对应的卡数据文件(MFD),并单击"(UF)UID 卡"写卡按键,如复制成功,则出现如图 11-18 所示界面。

(6) 测试复制的卡片是否可以正常使用。

(7) 此外,还可以通过 MifareOne Tool 软件对卡片的扇区数据进行查看以及修改,如图 11-19 所示。

图 11-17　保存破解文件为 DUMP 格式

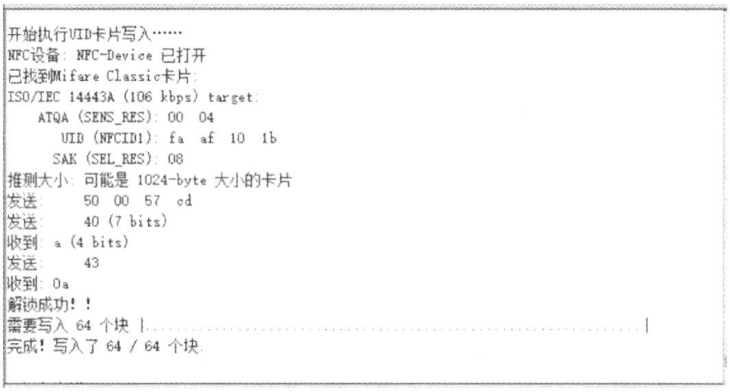

图 11-18　复制卡片成功

图 11-19　扇区查看及编辑

11.6.4 扩展实验

利用自备的银行卡、校园卡等重复上述实验,观察实验结果,并与基于 UID 卡和 CUID 卡的复制实验进行对比。

11.7 注意事项

1. 遵守安全规范与法律法规

RFID 卡复制实验可能涉及敏感信息的读取与复制,因此必须严格遵守相关的安全规范与法律法规。参与者应确保所有实验活动均在不侵犯他人隐私、不违反知识产权及不用于非法目的的前提下进行。此外,对于实验过程中可能接触到的敏感数据,应采取适当的加密、隔离或删除措施,以保障数据安全。

2. 精确操作与数据记录

在进行 RFID 卡内部数据结构观察时,需保持高度的专注与细致,确保能够准确读取并理解每个数据块的内容与含义。同时,利用 MifareOne Tool 软件进行 M1 卡复制时,应遵循软件的操作指南,精确执行每一步操作,避免误操作导致实验失败或数据损坏。在实验过程中,应及时记录关键步骤、观察结果及遇到的问题,以便后续分析与总结。

3. 反思与总结

实验结束后,参与者应对整个实验过程进行反思与总结。分析实验结果的准确性、可靠性及与预期目标的符合程度;评估实验过程中遇到的问题及解决方案的有效性;思考实验过程对 RFID 技术及 M1 卡复制机制的理解有何提升。通过反思与总结,可以加深对 RFID 技术及 M1 卡内部工作机制的认识,为未来的学习与研究提供有益的参考。

11.8 思考题

1. 在军事基地中,RFID 卡常被用于身份认证和门禁管理。请思考:

(1) 如何设计并实现一个基于 RFID 卡的身份认证系统,以确保只有授权人员才能进入军事区域?

(2) 分析 RFID 卡在身份认证过程中的安全性,包括其可能的漏洞(如克隆攻击)和相应的防护措施。

(3) 使用模拟或实际硬件,设计一个实验来测试 RFID 卡身份认证系统的有效性和安全性。

2. 虽然 RFID 卡被广泛使用,但其安全性并非无懈可击。请思考 RFID 卡复制技术的原理与军事物联网的安全风险。

(1) 解释 RFID 卡(如 M1 卡)复制的基本原理,包括读取、复制和写入数据的过程。

(2) 分析 RFID 卡(如 M1 卡)复制技术对军事物联网的安全风险,如非法入侵、信息泄露等。

(3) 提出防止 RFID 卡(如 M1 卡)被非法复制的策略,如使用加密技术、定期更换卡片、加强物理安全等,并讨论其可行性。

3. 为了提升军事物联网的安全性,可以将RFID卡与其他技术结合使用。请思考,RFID卡在军事物联网中的高级应用与安全性提升。

(1) 探讨RFID卡如何与生物识别技术(如指纹、虹膜识别)结合,以增强身份认证的安全性。

(2) 设计一个基于RFID卡的动态密钥分发系统,以提高数据传输过程中的安全性。

(3) 分析这些高级应用对军事物联网整体安全性的提升作用,并讨论实施这些应用可能面临的挑战。

4. 随着技术的发展,RFID技术在军事物联网中的应用也将不断演进。请思考:RFID技术在军事物联网中的未来发展方向。

(1) 预测RFID技术在军事物联网中的未来发展趋势,包括技术升级、新功能开发等。

(2) 探讨如何将区块链技术应用于RFID卡管理中,以提高数据透明度和不可篡改性。

(3) 设计一个创新性的军事物联网应用场景,该场景充分利用RFID技术的优势,并融入未来可能的技术发展,以提高军事行动的效率和安全性。

实验12

ZigBee组网实验

12.1 实验目的

(1) 理解无线传感器网络(WSN)ZigBee 的组网认证协议;
(2) 了解 ZigBee 协议中的密钥算法。

12.2 实验任务

基于物联网 ZigBee 技术数据通信实验,理解网络密钥在 ZigBee 组网中的作用。使用物联网 ZigBee 实验模块,完成 ZigBee 组网实验,掌握 ZigBee 组网结构、节点类型 ZigBee 组网的相关参数设置,尤其是网络密钥参数的使用。

12.3 实验环境

12.3.1 硬件环境

(1) 安装 Microsoft Windows 操作系统的计算机 1 台。
(2) 无线传感器 ZigBee 设备协调器、终端节点至少各 1 个。

12.3.2 软件环境

嵌入式应用开发工具 IAR。

12.4 实验学时与要求

学时:2 学时。
要求:每组 1~2 人。按实验要求独立完成实验任务,撰写实验报告。

12.5 理论提示

12.5.1 ZigBee 协议

ZigBee 是一个基于 IEEE 802.15.4 标准(2.4GHz 频段)的低功耗局域网协议,是一种短距离、低功耗的无线通信技术,最大传输速率为 250 Kbps,普遍传输范围为 10~100m。通常情况下,手机通过 Wi-Fi 或蓝牙即可实现对智能设备的控制,若使用 ZigBee 协议,就需要使用适配器或连接控制中心才能使用,其中小米多功能网关就是用来连接其他 ZigBee 设备的,其他小米设备使用内置电池可使用长达 2 年以上,这是 ZigBee 的优缺点。目前已有一些智能家居系统使用 ZigBee 协议,应用于门窗、家电、安防等智能家居用途。

采用直接序列扩频在工业科学医疗(ISM)频段,具体为 2.4GHz(全球)、915MHz(美国)和 868MHz(欧洲),均为免许可频段。由于此 3 个频带物理层并不相同,其各自信道带宽也不同,分为 0.6MHz、2MHz 和 5MHz 信道带宽,分别有 1 个、10 个和 16 个信道。具体信道分配如表 12-1 所示。

表 12-1 ZigBee 无线信道划分

信 道 编 号	中心频率/MHz	信道间隔/MHz	频率上限/MHz	频率下限/MHz
$k=0$	868.3		868.6	868.0
$k=1,2,3,\cdots,10$	$906+2(k-1)$	2	928.0	902.0
$k=11,12,13,\cdots,26$	$2401+5(k-11)$	5	2483.5	2400.0

12.5.2 ZigBee 网络设备

在 ZigBee 网络中,有 3 种不同类型的设备,分别为协调器(Coordinator)、路由器(Router)和终端节点(End Device)。

1. 协调器的功能特点

- 选择一个频道和 PAN ID,组建网络。
- 允许路由和终端节点加入这个网络。
- 对网络中的数据进行路由。
- 必须长期供电,不能进入睡眠模式。
- 可以为睡眠的终端节点保留数据,至其唤醒后获取。

2. 路由器的功能特点

- 在进行数据收发之前,必须首先加入一个 ZigBee 网络。
- 本身加入网络后,允许路由器和终端节点加入。
- 加入网络后,可以对网络中的数据进行路由。
- 必须长期供电,不能进入睡眠模式。
- 可以为睡眠的终端节点保留数据,至其唤醒后获取。

3. 终端节点的功能特点

- 在进行数据收发之前,必须首先加入一个 ZigBee 网络。
- 不能允许其他设备加入。

- 必须通过其父节点收发数据，不能对网络中的数据进行路由。
- 可由电池供电，进入睡眠模式。

协调器在选择频道和 PAN ID 组建网络后，其功能将相当于一个路由器。协调器或者路由器均允许其他设备加入网络，并为其路由数据。

终端节点通过协调器或者某个路由器加入网络后，便成为其子节点；对应的路由器或者协调器即成为父节点。由于终端节点可以进入睡眠模式，其父节点便有义务为其保留其他节点发来的数据，直至其醒来，并将此数据取走。

以上 3 种设备可根据功能完整性分为全功能设备（Full Function Device，FFD）和精简功能设备（Reduced Function Device，RFD）。其中，全功能设备可作为协调器、路由器和终端节点，而精简功能设备只能作为终端节点。一个 FFD 可与多个 RFD 或多个其他的 FFD 通信，而一个 RFD 只能与一个 FFD 通信。

12.5.3 ZigBee 网络组网

组建一个完整的 ZigBee 网状网络包括两个步骤：网络初始化、节点加入网络。其中节点加入网络包括两个步骤：一是通过与协调器连接入网，二是通过已有父节点入网。

1. 网络初始化预备

ZigBee 网络的建立是由协调器发起的，任何一个 ZigBee 节点要组建一个网络必须要满足以下两点要求：

- 节点是 FFD 节点，具备 ZigBee 协调器的能力；
- 节点还没有与其他网络连接，当节点已经与其他网络连接时，此节点只能作为该网络的子节点，因为一个 ZigBee 网络中有且只有一个协调器。

注：全功能设备——Full Function Device，FFD；半功能设备——Reduced Function Device，RFD。

2. 网络初始化流程

1）确定网络协调器

首先判断节点是否是 FFD 节点，接着判断此 FFD 节点是否在其他网络里或者网络里是否已经存在协调器。通过主动扫描，发送一个信标请求命令（Beacon request command），然后设置一个扫描期限（T_scan_duration），如果在扫描期限内没有检测到信标，那么就认为 FFD 在其 pos 内没有协调器，那么此时就可以建立自己的 ZigBee 网络，并且作为这个网络的协调器不断地产生信标并广播出去。

注意：一个网络里，有且只能有一个协调器（coordinator）。

2）信道扫描过程

信道扫描过程包括能量扫描和主动扫描两个过程：首先对指定的信道或者默认的信道进行能量检测，以避免可能的干扰。以递增的方式对所测量的能量值进行信道排序，抛弃那些能量值超出可允许能量水平的信道，选择可允许能量水平的信道并标注这些信道是可用信道。接着进行主动扫描，搜索节点通信半径内的网络信息。这些信息以信标帧的形式在网络中广播，节点通过主动信道扫描方式获得这些信标帧，然后根据这些信息，找到一个最好的、相对安静的信道，通过记录的结果选择一个信道，该信道应存在最小的 ZigBee 网络，最好是没有 ZigBee 设备。在主动扫描期间，MAC 层将丢弃 PHY 层数据服务接收到的除信标以外的所有帧。

3）设置网络 ID

找到合适的信道后，协调器将为网络选定一个网络标识符（PAN ID，取值≤0x3FFF），这个 ID 在所使用的信道中必须是唯一的，也不能和其他 ZigBee 网络冲突，而且不能为广播地址 0xFFFF（此地址为保留地址，不能使用）。PAN ID 可以通过侦听其他网络的 ID 然后选择一个不会冲突的 ID 的方式来获取，也可以人为地指定扫描的信道后，来确定不和其他网络冲突的 PAN ID。

在 ZigBee 网络中有两种地址模式：扩展地址（64 位）和短地址（16 位），其中扩展地址由 IEEE 组织分配，用于唯一的设备标识；短地址用于本地网络中设备标识，在一个网络中，每个设备的短地址必须唯一，当节点加入网络时由其父节点分配并通过使用短地址来通信。对于协调器来说，短地址通常设定为 0x0000。

上述步骤完成后，就成功初始化了 ZigBee 网络，之后就等待其他节点的加入。节点入网时将选择范围内信号最强的父节点（包括协调器）加入网络，成功后将得到一个网络短地址并通过这个地址进行数据的发送和接收，网络拓扑关系和地址就会保存在各自的 Flash 中。

3. 节点通过协调器加入网络

当节点协调器确定之后，节点首先需要和协调器建立连接加入网络。

为了建立连接，FFD 节点需要向协调器提出请求，协调器接收到节点的连接请求后根据情况决定是否允许其连接，然后对请求连接的节点做出响应，节点与协调器建立连接后，才能实现数据的收发。节点加入网络的具体流程可以分为以下步骤。

1）查找网络协调器

首先会主动扫描查找周围网络的协调器，如果在扫描期限内检测到信标，那么将获得协调器的有关信息，这时就向协调器发出连接请求。在选择合适的网络之后，上层将请求 MAC 层对物理层 PHY 和 MAC 层的 phy Current Channel、macPAN ID 等 PIB 属性进行相应的设置。如果没有检测到，间隔一段时间后，节点就会重新发起扫描。

2）发送关联请求命令（Associate Request Command）

节点将关联请求命令发送给协调器，协调器收到后立即回复一个确认帧（ACK），同时向它的上层发送连接指示原语，表示已经收到节点的连接请求。但这并不意味着已经建立连接，只表示协调器已经收到节点的连接请求。协调器 MAC 层的上层接收到连接指示原语后，将根据自己的资源情况（存储空间和能量）决定是否同意此节点的加入请求，然后给节点的 MAC 层发送响应。

关联请求命令（Association Request Command）是节点试图加入 ZigBee 网络时发送的命令。关联请求命令的格式和字段在 ZigBee 规范中有详细定义。

连接指示原语（Indication primitive）是 ZigBee 网络中一种由下层（通常是物理层或 MAC 层）发给上层（通常是应用层）的原语。其主要功能是通知上层某些内部事件或外部事件的发生。具体来说，当设备需要进行某种操作时，如建立连接、发送数据等，它会发出请求原语（Request primitive）。然后，如果该操作成功完成，下层会通过确认原语（Confirm primitive）通知上层。而连接指示原语则是用于通知上层发生了特定事件，如设备加入网络、断开连接或接收到了新的消息等。

3) 等待协调器处理

当节点收到协调器加入关联请求命令的 ACK 后，节点 MAC 将等待一段时间，接收协调器的连接响应。在预定的时间内，如果接收到连接响应，它将这个响应向它的上层通告。而协调器给节点的 MAC 层发送响应时会设置一个等待响应时间(T_Response Wait Time)来等待协调器对其加入请求命令的处理，若协调器的资源足够，协调器会给节点分配一个 16 位的短地址，并产生包含新地址和连接成功状态的连接响应命令，则此节点将成功地和协调器建立连接并可以开始通信。若协调器资源不够，待加入的节点将重新发送请求信息，直接入网成功。

4) 发送数据请求命令

如果协调器在响应时间内同意节点加入，那么将产生关联响应命令(Associate response command)并存储这个命令。当响应时间过后，节点发送数据请求命令(Data request command)给协调器，协调器收到后立即回复 ACK，然后将存储的关联响应命令发给节点。如果在响应时间到后，协调器还没有决定是否同意节点加入，那么节点将试图从协调器的信标帧中提取关联响应命令，成功的话则可以入网，否则重新发送请求信息直到入网成功。

5) 回复

节点收到关联响应命令后，立即向协调器回复一个确认帧(ACK)，以确认接收到连接响应命令，此时节点将保存协调器的短地址和扩展地址，并且节点的 MLME 向上层发送连接确认原语，通告关联加入成功的信息。

4. 节点通过已有节点加入网络

当靠近协调器的 FFD 节点和协调器关联成功后，处于这个网络范围内的其他节点就以这些 FFD 节点作为父节点加入网络，具体加入网络有两种方式，一种是通过关联(associate)方式，即待加入的节点发起加入网络；另一种是直接(direct)方式，就是待加入的节点具体加入哪个节点下，就作为该节点的子节点。其中关联方式是 ZigBee 网络中新节点加入网络的主要途径。

对于一个节点来说，只有没有加入过网络的才能加入网络。在这些节点中，有些曾经加入过网络，但是与它的父节点失去联系(称为孤儿节点)，而有些则是新节点。当是孤儿节点时，在它的相邻表中存有原父节点的信息，于是它可以直接给原父节点发送加入网络的请求信息。如果父节点有能力同意它加入，于是直接告诉它以前被分配的网络地址，它便入网成功；如果此时它原来的父节点的网络中，子节点数已达到最大值，也就是说网络地址已经分配满，父节点便无法批准它加入，它只能以新节点身份重新寻找并加入网络。

对于新节点来说，它首先会在预先设定的一个或多个信道上通过主动或被动扫描周围它可以找到的网络，寻找有能力批准自己加入网络的父节点，并把可以找到的父节点的资料存入自己的相邻表。存入相邻表的父节点的资料包括 ZigBee 协议的版本、协议栈的规范、PAN ID 和可以加入的信息。在相邻表中所有的父节点中选择一个深度最小的，并对其发出请求信息，如果出现相同最小深度的两个父节点，那么随机选取一个发送请求。如果相邻表中没有合适的父节点的信息，则表示入网失败，终止过程。如果发出的请求被批准，那么父节点同时会分配一个 16 位的网络地址，此时入网成功，子节点可以开始通信。如果请求失败，则重新查找相邻表，继续发送请求信息，直到加入网络。

12.5.4 ZigBee 网络密钥

ZigBee 网络的密钥主要分为主密钥、网络密钥和链接密钥。由于高级加密标准 AES 算法具有 128 位的块大小,能够提供高强度的加密保护。因此,ZigBee 网络的密钥生成机制主要依赖 AES 算法。这些密钥通过 AES 算法的 CTR 模式(确保机密性)、CBC-MAC 模式(确保数据完整性)和 CCM 模式(同时确保机密性和完整性)来生成和保护。其中,设备上使用的网络密钥和链接密钥主要是由 AES 算法生成,但要求设备拥有从信任中心生成的主密钥,同时要求设备已经加入网络。关于密钥生成的方法主要有两种方式:①秘钥传输;②安装。

1. 密钥传输

采用此方法后,网络密钥与链接密钥可能以明文形式发送到网络中的其他设备,因此密钥有可能被窃听到,从而解密出所有通信数据,或者伪造合法设备去控制其他设备。为了避免密钥明文传输,以及实现不同厂商设备之间的兼容性,协议还提供有默认的信任中心链接密钥(TCLK: 0x5A 0x69 0x67 0x42 0x65 0x65 0x41 0x6C 0x6C 0x69 0x61 0x6E 0x63 0x65 0x30 0x39)去加密传输的密钥,但这引入新的安全风险。

2. 预安装

在设备上直接配置好密钥,如果需要更改,就需要重新刷设备固件,虽然这种方式更加安全可信,但也是最繁琐复杂的方式。

12.5.5 IAR 嵌入式应用开发工具简介

IAR Embedded Workbench(简称 EW)的 C/C++交叉编译器和调试器是今天世界最完整的和最容易使用的专业嵌入式应用开发工具。EW 为不同的微处理器提供一样直观用户界面。EW 现在已经支持 35 种以上的 8 位/16 位/32 位 ARM 的微处理器结构。EW 包括嵌入式 C/C++优化编译器、汇编器、连接定位器和库管处理器结构,其界面如图 12-2 所示。

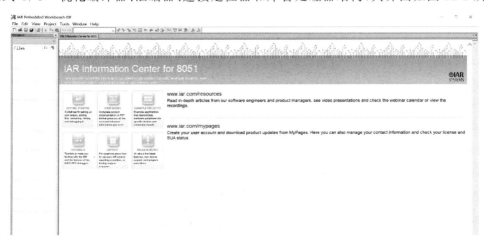

图 12-2 IAR 软件

EWARM 是 IAR 目前发展很快的产品,已经支持 ARM7/9/10/11 XSCALE,并且在同类产品中具有明显价格优势。其编译器可以对一些 SOC 芯片进行专门的优化。如 Atmel、

TI、ST 和 Philips 公司。除了 EWARM 标准版外，IAR 公司还提供 EWARM BL(256K)的版本，方便不同层次客户的需求。IAR System 是嵌入式领域唯一能够提供这种解决方案的公司，IAR Embedded Workbench 集成的编译器产品特征：

- 高效 PROMable 代码；
- 完全标准 C 兼容，瓶颈性能分析；
- 内建对芯片的程序速度和大小优化器；
- 目标特性扩充；
- 版本控制和扩展工具支持良好；
- 便捷的中断处理和模拟；
- 高浮点支持和内存模式选择；
- 工程中相对路径支持。

12.6 实验指导

12.6.1 硬件平台搭建

实验所需要硬件及软件如图 12-3、表 12-2 所示。

表 12-2 实验所需要硬件及软件

序号	名称	数量	备注
1	PC 机	1 台	PC 机安装有 IAR、CC_Debugger 驱动
2	ZigBee 底座	3 个	
3	温湿度模块	1 个	终端
4	IPS 模块	1 个	协调器
5	光电对射模块	1 个	路由器
6	CC_Debugger 下载器	1 个	
7	下载器连接线	1 根	

图 12-3 ZigBee 底座、温湿度模块、IPS 模块和光电对射模块实物图

将底盒拼接，确定协调器节点、温湿度节点、光电开关节点，放置实验模块，连接如图 12-4 所示。

图 12-4　搭建实验硬件环境

12.6.2　软件平台搭建

1. IAR 安装

选中 IAR 安装文件 EW8051-EV-8103-Web.exe，鼠标右击，以管理员身份运行，单击左键运行，如图 12-5 所示。

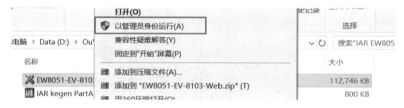

图 12-5　以管理员身份运行 IAR 安装包

(1) 选中 Install a new instance of this application，单击"Next"按钮，进入下一步，如图 12-6 所示。

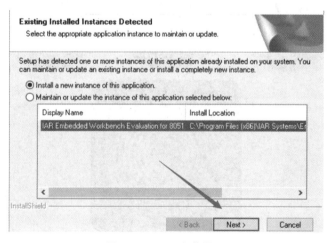

图 12-6　IAR 安装界面

(2) 一直选择 Next，直到进入如图 12-7 所示界面，选择"I accept the terms of the license agreement"，继续选择 Next，进入下一步。

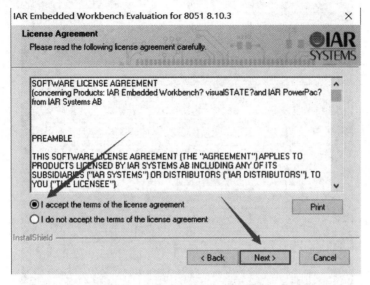

图 12-7　License Agreement 界面

(3) 到完善用户名(Name)、公司(Company)和密钥(License♯)等基本信息后，如图 12-8 所示。（这里内容先空着，进入步骤 5。）

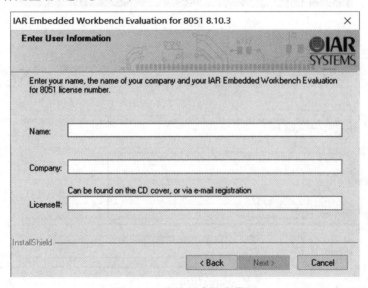

图 12-8　确认用户信息界面

(4) 以管理员身份运行 IAR Kegen PartA.exe，生成 IAR 软件所需要的 License Key 和 License Number 信息，如图 12-9 所示。

(5) 在 IAR Kegen partA.exe 中的 License Number 中填入 IAR 软件的 License♯，单击 Next 进入下一步，如图 12-10 所示。

(6) 将 IAR Kegen partA.exe 中 License Key 的内容复制填入 IAR 的 License Key，单击 Next 进入下一步，如图 12-11 所示。

图 12-9 IAR 密钥程序生成

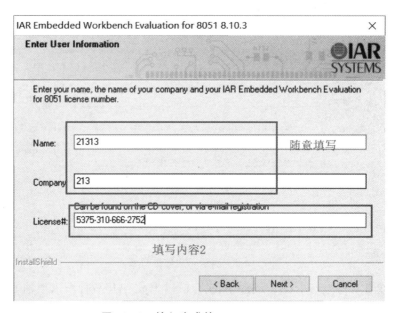

图 12-10 输入生成的 License Number

(7) 选择安装 Complete 版本(完整版),单击 Next,进入安装下一步,如图 12-12 所示。

(8) 选择安装路径,如图 12-13 和图 12-14 所示。

(9) 安装运行到最后,单击"Finish"按钮即可完成安装,如图 12-15 所示。

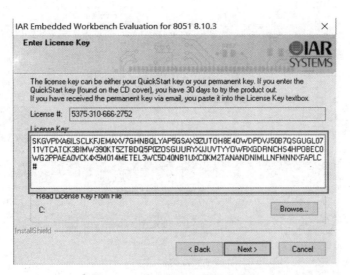

图 12-11　输入生成的 License Key

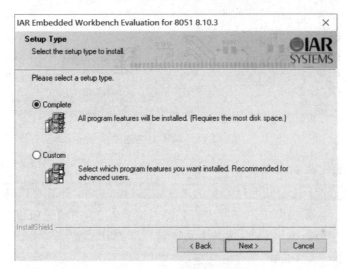

图 12-12　选择安装完整版

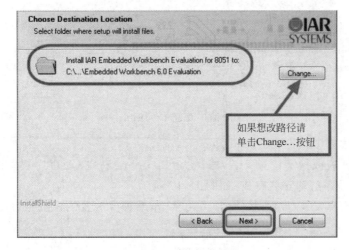

图 12-13　更改安装路径

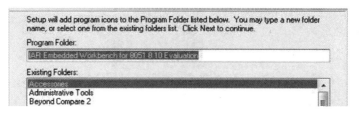

图 12-14　选择安装路径

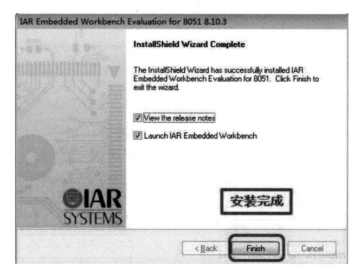

图 12-15　IAR 安装完成

2. CC Debugger 驱动安装

将 CC Debugger 下载器插入计算机的 USB 接口中，右击"计算机"，选择"管理"进入计算机设备管理界面，如果框起来的内容中有感叹号或者其他，需要更新仿真器的驱动。右击 CC Debugger 或者 SmartRF04EB，选择更新驱动程序，如图 12-16 所示。

图 12-16　更新 CC Debugger

（1）在设备管理中找到 CC Debugger 下载器。

（2）选择从列表或指定位置安装，路径为 CC Debugger 驱动程序放置的位置，单击"下一步"按钮，驱动程序自动安装完成，如图 12-17 所示。

（3）按路径选择安装（路径为 CC Debugger 驱动程序放置的位置），单击"下一步"按钮，驱动程序自动安装完成，如图 12-18 所示。

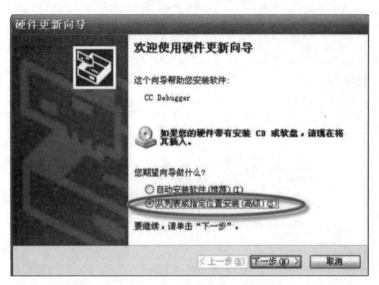

图 12-17　从列表或指定位置安装

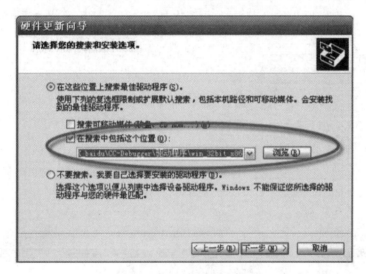

图 12-18　安装路径选项

12.6.3　CC Debugger 下载器连接

将 CC Debugger 下载器连接到 ZigBee 底座,如图 12-19 所示。

图 12-19　CC Debugger 连接口

12.6.4 程序编写

(1) 打开目录："ZigBee 网络实验\ZigBee 星形组网实验\Projects\zstack\Samples\SampleApp\CC2530DB"，找到如图 12-20 所示文件。

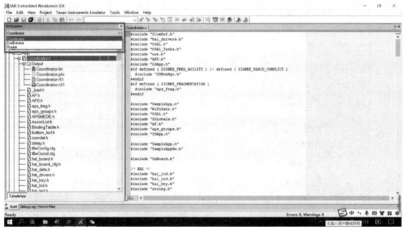

图 12-20 打开工程文件

(2) 由于本实验包含了一个协调器 Coordinator 和两个终端 EndDevice(温湿度模块和光电对射模块)，工程模板文件略有不同，可以在如图 12-21 所示的位置进行工程配置。

图 12-21 工程配置为 Coordinator

（3）终端与协调器代码共用该配置文件，在如图 12-22 所示的配置文件 Tools/f8wConfig.cfg 修改 PAN ID 或者信道，防止与其他 ZigBee 网络冲突。

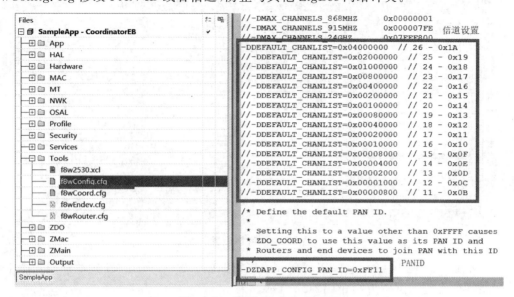

图 12-22　修改 PAN ID 和信道

（4）由于工程模板代码默认没有打开加密模式，需要将配置文件 Tools/f8wConfig.cfg 中的 DSECURE＝0 改为 DSECURE＝1，如图 12-23 所示。

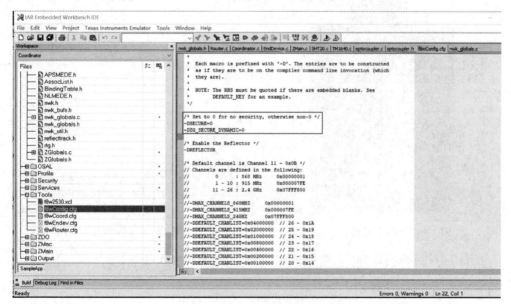

图 12-23　设置加密模式

（5）代码默认密钥位置在工程模板文件 NWK/nwk_globals.c 中，如图 12-24 所示。在实际工程应用中，建议更改，并妥善保存。

（6）轻按 CC Debugger 下载器复位按键，白色指示灯亮起，表示连接正常，如图 12-25 所示。

图 12-24　密钥设置

（7）分别单击菜单栏 compile 按钮、make 按钮编译工程，如图 12-26 所示。编译结果无警告无错误方可进入下一步，如图 12-27 所示。

图 12-25　仿真器设置

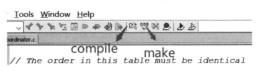

图 12-26　编译工程

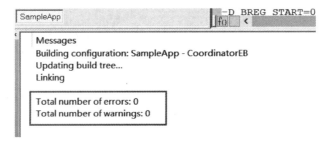

图 12-27　编译结果

(8) 文件编译无误后,单击下载程序按钮,如图 12-28 所示,将生成的文件下载到协调器 Coordinator 和两个终端 EndDevice 中。等待下载完成退出下载调试模式,如图 12-29 所示。

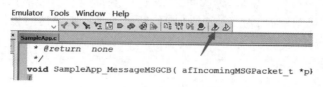

图 12-28　下载程序

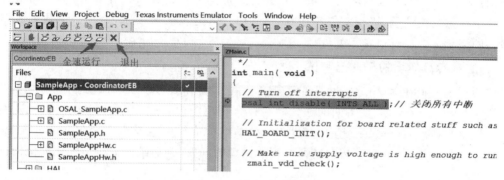

图 12-29　下载调试界面

12.6.5　网络运行

将协调器和一个终端(温湿度模块)拼装在一起后,以协调器充当远程接收器,可以远程接收并实时显示温湿度模块(图 12-30(a))采集到的温湿度信息,如图 12-30 所示。

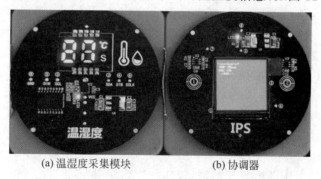

(a) 温湿度采集模块　　　(b) 协调器

图 12-30　基于 ZigBee 协议的温湿度远程采集显示

12.7　注意事项

1. 充分理解 ZigBee 网络基础

实验前,务必对 ZigBee 网络的基本概念、组网结构、节点类型(如协调器、路由器、终端设备等)有清晰的认识。这有助于在实验过程中准确配置设备角色,理解不同节点间的通信机制,以及它们在网络中的功能定位。

2. 重视网络密钥的安全性

网络密钥在 ZigBee 网络中扮演着至关重要的角色，它直接关系到网络的安全性。在实验中，应特别关注网络密钥的生成、分配与更新过程，确保每个参与组网的设备都能正确且安全地共享这一密钥。同时，理解网络密钥如何防止未经授权的访问和数据篡改，是深化对 ZigBee 安全机制理解的关键。

3. 精确配置相关参数

ZigBee 网络的稳定运行依赖精确的参数配置。除了网络密钥外，还需关注信道选择、网络 ID、PAN ID（个人区域网络标识符）、设备地址等参数的设置。在实验过程中，应仔细核对每个参数的设置值，确保它们符合 ZigBee 协议规范及实验要求，避免因参数配置错误导致的网络异常。

4. 注意实验环境的搭建与测试

实验环境的搭建对 ZigBee 网络的性能有直接影响。参与者需确保实验区域内无强烈的电磁干扰源，且 ZigBee 设备间的通信距离在合理范围内。此外，通过多次测试验证网络的稳定性、数据传输速率及密钥的有效性，是评估实验成果的重要步骤。在测试过程中，注意观察并记录网络状态、数据传输情况及可能出现的问题，为后续的分析与优化提供依据。

12.8 思考题

1. ZigBee 网络组网认证机制有哪些？
2. ZigBee 网络的安全风险主要有哪些？如何解决？
3. 在军事物联网中，信息的快速传递与保密性至关重要。请分析 ZigBee 的星型、树型和网状组网结构各自的特点，并讨论哪种或哪些结构最适合应用于军事物联网中，为什么？同时，考虑在军事环境中可能出现的通信障碍（如山地、建筑物遮挡），如何优化 ZigBee 网络布局以提高通信可靠性和覆盖范围？
4. 在构建军事物联网监控网络时，ZigBee 网络中的协调器（Coordinator）、路由器（Router）和终端节点（End Device）各自扮演着什么角色？请设计一个军事监控场景，如边境巡逻、战场监测等，并详细规划不同节点类型在场景中的具体部署和任务分配，特别是如何利用网络密钥确保数据传输的安全性。
5. 网络密钥是 ZigBee 网络中保护数据传输安全的重要手段。

(1) ZigBee 网络采用 3 种类型密钥，各起到什么作用？

(2) 请详细阐述网络密钥的生成、分发、更新及撤销机制，并讨论在军事物联网中如何实施这些机制以确保通信的机密性、完整性和认证性。

(3) 考虑军事行动的动态性和复杂性，设计一种灵活的网络密钥管理策略，以应对网络拓扑变化、节点增减等情况。

6. ZigBee 网络的性能受到多种参数的影响，如信道选择、传输功率、网络密钥复杂度等。请分析这些参数如何影响 ZigBee 网络的通信距离、数据传输速率、功耗以及安全性，并提出一套针对军事物联网应用的 ZigBee 组网参数优化方案。该方案应重点考虑军事行动对实时性、可靠性和安全性的高要求，通过调整参数设置来提升网络的整体性能，同时确保在复杂军事环境中仍能保持稳定通信。

实验13

ZigBee抓包实验

13.1 实验目的

基于实验 12 的 ZigBee 组网实验,使用 CC2531 USB Dongle 无线网络分析仪(抓包工具)进行无线数据包的抓取,然后分析抓取的数据包,进而理解无线数据的通信方式,了解 ZigBee 底层(除应用层)数据交互。

13.2 实验任务

基于 ZigBee 协议完成无线传感器组网,通过抓包分析解密基于 ZigBee 协议的数据包。

13.3 实验环境

13.3.1 硬件环境

安装 Microsoft Windows 操作系统的计算机 1 台,CC2530 信号接收棒,ZigBee 网络协调器和终端节点各 1 个。

13.3.2 软件环境

抓包分析软件 Ubiqua;CC2530 信号接收棒驱动。

13.4 实验学时与要求

学时:2 学时。
要求:独立完成实验任务,撰写实验报告。

13.5 理论提示

13.5.1 ZigBee 安全模式

ZigBee 主要提供有三个等级的安全模式：

（1）非安全模式：为默认安全模式，即不采取任何安全服务，因此可能被窃听；

（2）访问控制模式：通过访问控制列表（Access Control List，ACL，包含有允许接入的硬件设备 MAC 地址）限制非法节点获取数据；

（3）安全模式：采用 AES 128 位加密算法进行通信加密，同时提供有 0、32、64、128 位的完整性校验，该模式又分为标准安全模式（明文传输密钥）和高级安全模式（禁止传输密钥）。

如果使用安全模式，那么它会提供 3 种类型的密钥用于保证通信安全：

（1）主密钥（Master Key）：用于配合 ZigBee 对称密钥的建立（SKKE）过程来派生其他密钥，也就是说，设备要先拥有信任中心（ZigBee 网络中有且仅有的一个可信任设备，负责密钥分发与管理，以及网络的建立与维护）生成的主密钥才能派生网络密钥和链路密钥给其它设备，它可以由信任中心设置，也可基于用户访问数据，如个人识别码（PIN）、口令或密码等信息；

（2）网络密钥（Network Key）：用于保护广播和组数据的机密性和完整性，同时也为网络认证提供保护，被网络中的多个设备共享，仅在广播消息中使用；

（3）链接密钥（Link Key）：用于保护两个设备之间单播数据的机密性和完整性，仅通信中的两个设备持有，而单个设备需要多个链接密钥来保护每个端对端会话。

13.5.2 从报文角度分析 ZigBee 组网

1. 信标请求报文 beacon request

信标请求帧由终端节点发出，请求入网。终端节点一般会全信道扫描找网。

信标请求 beacon request 包括：帧头（Header）、负载（Payload）、帧尾（Footer）。

1）帧头（Header）

由帧控制域（frame control）、帧序列号（sequence number）、地址域（addressing fields）组成，如图 13-1 所示。

（1）帧控制域（frame control）包含了基本的帧信息，长度为 16bit。

比特 0~2 是帧类型（frame type）：0b000、0b001、0b010、0b011 分别表示信标帧、数据帧、应答帧、命令帧，其他值预留。

比特 3 是安全使能标志（security enabled）：1 表示对该帧使用安全机制，0 表示不使用安全机制。

比特 4 是后续帧控制位（frame pending）：1 表示后续还有更多的数据帧要发送给接收设备，0 表示没有。

比特 5 是应答标志（ack request）：1 表示该帧需要应答，0 表示该帧不需要应答。

比特 6 是同一 PAN 网络标志（intra PAN）：1 表示当前帧是在同一 PAN 范围内，只需

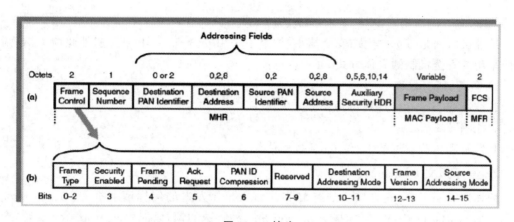

图 13-1 帧头

要目的地址与源地址,而不需要源 PAN 标识符;0 表示当前帧不在同一 PAN 范围内,不仅需要目的地址与源地址,源 PAN ID 与目的 PAN ID 均需要。

比特 10~11 表示目的地址模式(destination addr mode):0b00 表示不存在 PAN ID 和地址域;0b01 是预留值;0b10 表示后面的地址域为 16 位短地址;0b11 表示地址域为 64 位扩展地址;

比特 14~15 表示源地址模式(source addr mode):0b00 表示不存在 PAN ID 和地址域;0b01 是预留值;0b10 表示后面的地址域为 16 位短地址;0b11 表示地址域为 64 位扩展地址。

(2) 帧序列号(sequence number)。

用于区分相继发送的帧,由该序号可知该帧是重传帧还是一个新的帧。

对于需要应答帧的情况,规定应答帧的序列号和所应答的帧的序列号相同,这样就能知道应答帧所对应的对象。

设备需要维护两个 sequence number,一个用于 beacon 报文的序列号 BSN,一个用于数据帧、命令帧和应答帧的序列号 DSN。

每发送一个对应的帧,DSN 或者 BSN 都会自动加 1,如果超过最大值就变成全零值。

beacon 报文的序列号 BSN(Beacon Sequence Number)是用于标识每一个 MAC 帧的唯一标识符。BSN 的长度为 8 位。这个序列号是由协调器根据当前存储在 MAC PIB (Physical Interface Block)中的一个属性值(macBSN)设置的。

应答帧的序列号 DSN(Data Sequence Number)是用于标识应答帧的序列号,它通常是通过拷贝数据帧或命令帧中的 DSN 而设置的。在 MAC 层确认帧中,DSN 是从最后一个接收的数据帧中获取的,用于确保数据传输的顺序和完整性。如果在 macAckWaitDuration 时间后没有收到确认帧,则始发设备的 MAC 层应使用与原始传输中相同的 DSN 重新发送帧。

2) 地址域(addressing fields)

分为四部分:目的 PAN ID、目的地址、源 PAN ID、源地址。

这些域的长度与帧控制域中对应子域的取值有关。

如果(destination addr mode)是 00,那么目的 PAN ID 和目的地址不存在。如果是 10,则目的 PAN ID 标识存在,目的地址是 16 位短地址。如果(intra PAN)是 1,那么源 PAN

ID 与目的 PAN ID 相同,不需要携带源 PAN ID。

地址域后面是可选的附加安全帧头,如果不采用安全机制,不需要携带此帧头,否则根据所采用的安全机制的具体方式,其长度可能为 5、6、10、14 字节。

3) 负载(Payload)

长度可变,具体内容由帧类型决定。

4) 帧尾(Footer)

是帧头和负载数据的 16 位 CRC 校验值。

2. 信标报文 Beacon

协调器 Coordinator 在接收到终端节点 endpoint 发送的信标请求报文 beacon request 后发出信标报文 beacon。信标报文 beacon 是一种特殊的帧,只能由 coordinator 发送,携带网络相关的信息,用于通告网络信息,以便其他设备加入网络或者了解网络的情况,并且可以用于维护网络通信的同步。其帧结构如图 13-2 所示,其中 mac payload 包括:2 字节的超帧描述(super frame specification)、保护时隙域(GTS Fields)、未处理地址区域(Pendling Address Fileds)、beacon payload。Beacon payload 部分数据将传输给高层,主要查看四点,如下图红色方框内,都为"yes"则网关处于可以接收路由器 router 和终端节点 end device 入网。

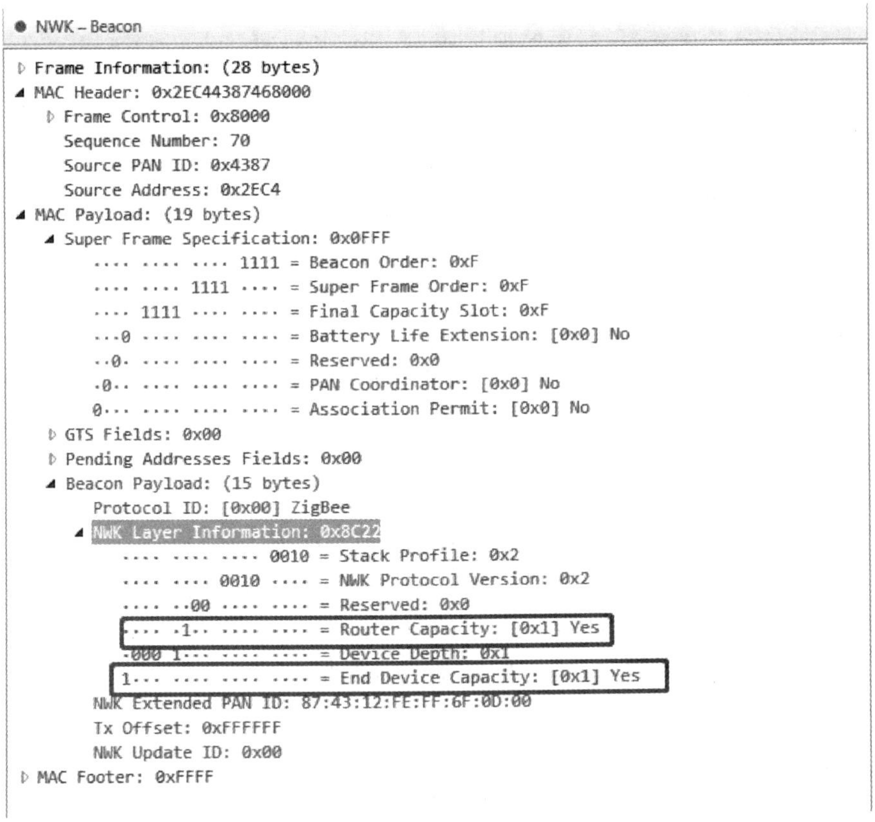

```
● NWK - Beacon
▷ Frame Information: (28 bytes)
▲ MAC Header: 0x2EC44387468000
    ▷ Frame Control: 0x8000
      Sequence Number: 70
      Source PAN ID: 0x4387
      Source Address: 0x2EC4
▲ MAC Payload: (19 bytes)
    ▲ Super Frame Specification: 0x0FFF
      .... .... .... 1111 = Beacon Order: 0xF
      .... .... 1111 .... = Super Frame Order: 0xF
      .... 1111 .... .... = Final Capacity Slot: 0xF
      ...0 .... .... .... = Battery Life Extension: [0x0] No
      ..0. .... .... .... = Reserved: 0x0
      .0.. .... .... .... = PAN Coordinator: [0x0] No
      0... .... .... .... = Association Permit: [0x0] No
    ▷ GTS Fields: 0x00
    ▷ Pending Addresses Fields: 0x00
    ▲ Beacon Payload: (15 bytes)
        Protocol ID: [0x00] ZigBee
      ▲ NWK Layer Information: 0x8C22
        .... .... .... 0010 = Stack Profile: 0x2
        .... .... 0010 .... = NWK Protocol Version: 0x2
        .... ..00 .... .... = Reserved: 0x0
        .... .1.. .... .... = Router Capacity: [0x1] Yes
        .000 1... .... .... = Device Depth: 0x1
        1... .... .... .... = End Device Capacity: [0x1] Yes
        NWK Extended PAN ID: 87:43:12:FE:FF:6F:0D:00
        Tx Offset: 0xFFFFFF
        NWK Update ID: 0x00
▷ MAC Footer: 0xFFFF
```

图 13-2 Beacon 结构

3. 关联请求报文 association request

关联请求报文由终端节点或路由器发出，此时设备还没有分配短地址，因此在 MAC 层显示的原地址为设备长地址。

4. 数据请求报文 Data request

收到协调器 Coordinator 的 MAC 层确认后，终端节点 Endpoint 将发送一个数据请求报文 Data request 请求协调器 Coordinator 给其分配 16 位网络地址。

5. 关联响应报文 association response

如图 13-3 所示，通过关联响应报文可以查看到给设备分配的短地址。当 Coordinator 接收到 Data request 后经 NWK 层的算法为其分配一个唯一的网络短地址，然后向 Endpoint 发送一个包含些短地址的包，这个包是通过 MAC 地址发送的。

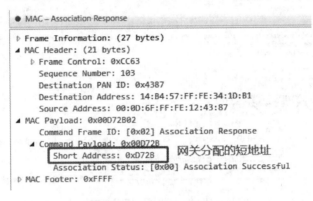

图 13-3　association response

6. 传输秘钥 Transport Key

ZigBee 网络中的传输秘钥 Transport Key 是一种用于保护密钥传输消息的密钥。在 ZigBee 协议中，Transport Key 是由 Trust Center（协调器）生成并发送给新加入设备的，以确保网络密钥的安全传输。

7. 设备广播报文 Device announce

在 ZigBee 网络中，设备广播报文 Device announce 是指当一个新设备加入 ZigBee 网络时，它会发送一种特定的广播消息来通知其他节点它的存在和地址信息。这种机制允许网络中的其他设备识别并响应新加入的设备。具体来说，当一个 ZigBee 设备首次连接到网络并完成基本授权会话后，它会发送一次"Device announce"命令，并且还会发送一个"Link Status"命令。这个过程是必要的，因为每个设备都需要向周围节点广播其节点 ID（网络地址），以便其他节点能够知道该节点的存在，及在网络中的角色并进行相应的处理。如图 13-4 所示，分别给出了路由器设备和终端节点的 Device announce 命令，除了说明节点在网络中角色外，还说明设备的供电方式。

8. 活动端点请求报文 Active Endpoints Request

活动端点请求报文 Active Endpoints Request 是一种由 ZigBee 网络中的协调器（Coordinator）或路由器（Router）向新加入或已存在的设备发出的请求，用于查询该设备支

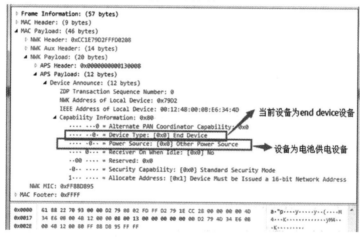

(a) 路由器设备

(b) 终端节点设备

图 13-4　设备广播帧

持的活动端点(Active Endpoints)数量及其相关信息。通过 Active Endpoints Request，网络中的设备能够了解其他设备的功能和接口，从而支持更复杂的网络交互和数据传输。这对于实现设备间的互操作性、数据共享和协同工作至关重要。

9. 活动端点响应报文 Active Endpoints Response

活动端点响应报文 Active Endpoints Response 是 Zigbee 网络中一个设备在接收到 Active Endpoints Request 后，向请求者(通常是协调器或路由器)发送的响应，用于告知请求者该设备支持的活动端点数量及其相关信息。该响应使得网络中的协调器或路由器能够了解新加入或已存在设备的端点配置和功能，进而实现设备间的互操作性和数据共享。如图 13-5 所示，设备给网关回应的终端节点 endponints 数。

10. 简单描述符请求报文 Simple Descriptor Request

ZigBee 网络的 Simple Descriptor Request 是 ZigBee 协议中用于设备间通信的一种请求消息，它主要用于查询设备的端点(Endpoint)的详细信息。在 ZigBee 网络中，设备通常

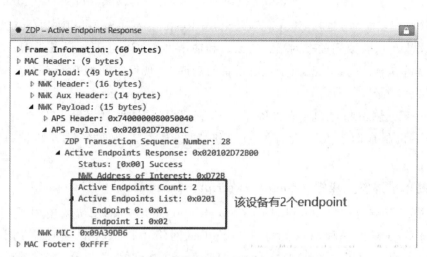

图 13-5 设备给网关回应的 endpoints 数

具有一个或多个端点,每个端点都代表设备上的一个逻辑实体,可以执行特定的任务或提供特定的服务。Simple Descriptor Request 的具体作用包括:

(1) 查询端点信息:当 ZigBee 网络中的某个设备(如协调器或路由器)需要了解另一个设备的某个端点的详细信息时,它会发送 Simple Descriptor Request。这个请求会指定要查询的端点号,并请求该端点的描述信息。如图 13-6 所示。

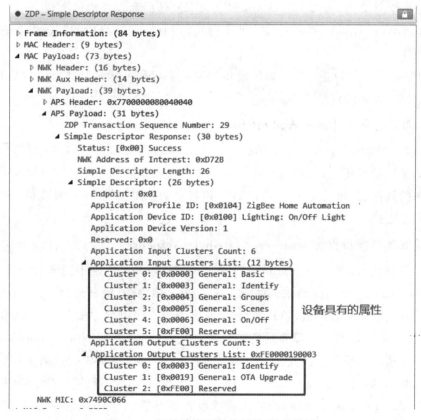

图 13-6 网关请求设备的属性/特性描述

（2）获取端点能力：通过 Simple Descriptor Response（对 Simple Descriptor Request 的回应），请求者可以获取到被查询端点的输入和输出群集（Clusters）、设备类型、制造商代码和设备版本等信息。这些信息对于理解设备的功能、实现设备间的互操作以及配置网络参数至关重要。

（3）支持设备发现和配置：在设备加入 ZigBee 网络的过程中，Simple Descriptor Request 和 Response 机制有助于发现设备的功能和特性，从而支持网络配置和设备管理的自动化。

11. 简单描述符响应报文 Simple Descriptor Response

简单描述符响应报文 Simple Descriptor Response 是 ZigBee 协议中用于响应 Simple Descriptor Request 的一种消息类型。当 ZigBee 网络中的某个设备（如协调器或路由器）向另一个设备发送 Simple Descriptor Request 以查询其端点的详细信息时，被查询的设备会回复一个 Simple Descriptor Response，其中包含所请求端点的具体描述信息，例如：

（1）端点信息：包括被查询的端点号，该端点所属的设备对象（Device Object）等。

（2）群集信息：列出该端点支持的输入群集（Input Clusters）和输出群集（Output Clusters）。群集是 ZigBee 中用于定义设备功能和服务的基本单位，输入群集表示设备可以接收的命令或消息类型，而输出群集表示设备可以发送的命令或消息类型。

（3）设备类型：指明该端点所属的设备类型，这有助于网络中的其他设备理解该端点的功能和用途。

（4）制造商代码和设备版本：提供设备的制造商代码和设备版本信息，这有助于识别设备的制造商和设备的软件版本。

12. 读取属性报文 Basic：read attributes

ZigBee 网络的 basic：read attributes 是一个在 ZigBee 协议中定义的通信过程，用于从 ZigBee 设备中读取其属性（Attributes）的值。在 ZigBee 网络中，设备通过属性来表示其物理量或状态的数据值，如开关状态（On/Off）、温度值、百分比等。这些属性是设备间通信和数据共享的基础。

13. 读取属性响应报文 basic：read attributes response

ZigBee 网络的 basic：read attributes response 是 ZigBee 协议中定义的一种通信响应，它是对 basic：read attributes 请求的回应。在 ZigBee 网络中，设备通过属性（Attributes）来表示其物理量或状态的数据值，如开关状态、温度值等。当网络中的某个设备（如协调器或另一个设备）需要了解另一个设备的特定属性值时，它会发送一个 basic：read attributes 请求。接收到该请求的设备会检查请求中指定的属性（如包含请求中指定的属性值。这些值是设备当前状态的直接反映，可以用于监控、控制或数据共享等目的），并准备相应的响应数据和状态信息（如除了属性值外，响应还可能包含状态信息，如操作是否成功、是否存在错误等）。

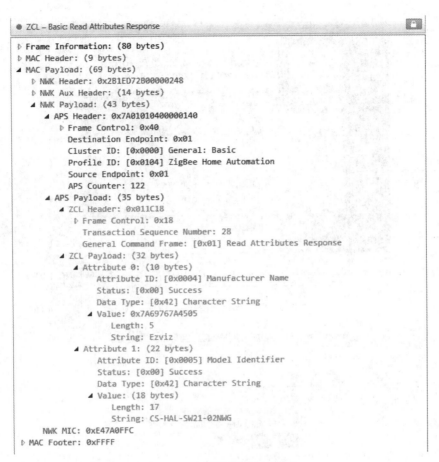

图 13-7　读取属性设备响应

13.6　实验指导

13.6.1　实验 12 完成

13.6.2　抓包软件 Ubiqua 安装

（1）关闭计算机防火墙后，装在默认路径下，如果装在其他路径可能出现如图 13-8 所示的问题。

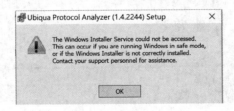

图 13-8　非默认路径弹出的错误

（2）如果出现如图 13-9 所示.NET 框架错误，则需要安装一个.NET 框架（图 13-10），然后一直单击"下一步"按钮直至安装完成。

图 13-9 .NET 框架提示错误

图 13-10 .NET 框架

(3) 破解抓包软件 Ubiqua,将破解包 Ubiqua.exe 复制到安装目录 C:\Program Files (x86)\Ubilogix\Ubiqua Protocol Analyzer。

13.6.3 CC2530 USB 信号接收棒驱动安装

(1) 将 CC2530 USB 信号接收棒(图 13-11)插到计算机 USB 接口上。

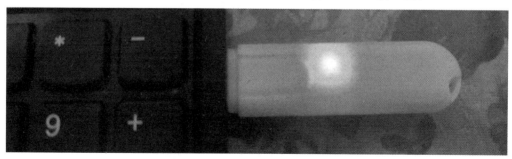

图 13-11 CC2530 USB 信号接收棒

(2) 解压 CC2531 USB Dongle driver_x64.rar 文件。

(3) 打开"我的电脑"→"属性"→"设备管理器"→"端口"。如果未安装驱动,端口栏位里会有一个黄色感叹号的设备(图 13-12),此时右键此设备,然后选择"浏览我的计算机以查找驱动程序软件"(图 13-13),然后选择刚才解压出来的文件,等待驱动安装完成(图 13-14)即可。

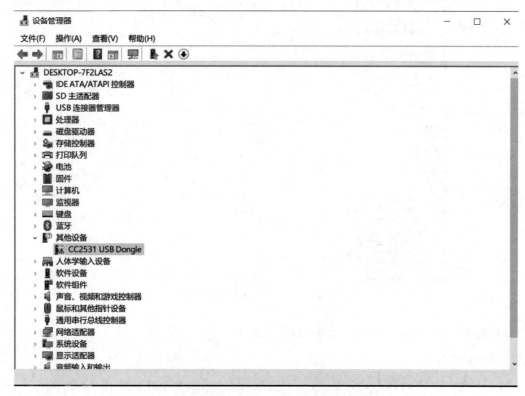

图 13-12　CC2530 USB 安装驱动前

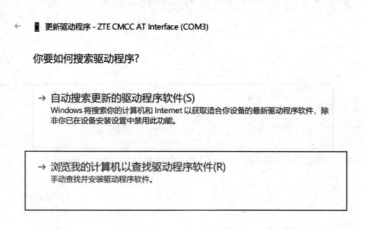

图 13-13　安装驱动

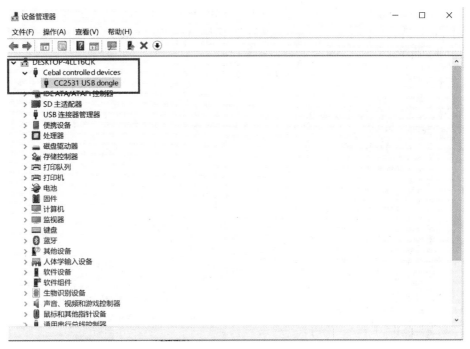

图 13-14　CC2530 USB 安装驱动后

13.6.4　CC2530 USB 信号接收棒连接

1. 添加设备

插入 CC2530 USB 信号接收棒，成功运行软件 Ubiqua 的界面如图 13-15 所示。

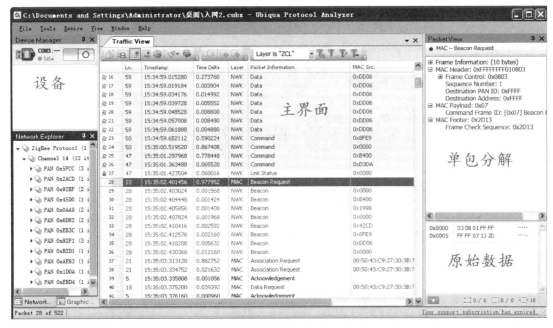

图 13-15　Ubiqua 的界面

在软件 Ubiqua 左侧的菜单栏 Device Manager→Add Device 窗口选择设备类型,本例为 Texas Instruments CC2531。在 Application 栏选择 Sniffer,单击 Add Device。然后按照提示,选择设备驱动程序文件所在目录安装即可,如图 13-16 所示。

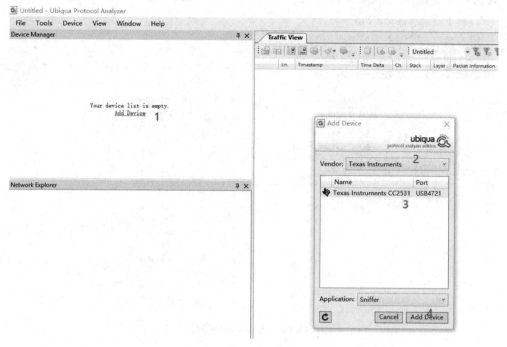

图 13-16　添加设备

设备添加成功后,软件 Ubiqua 界面如图 13-17 所示,在左上方出现本例添加的设备。单击菜单栏 Device Manager→Start Device,启动设备。此时,图示位置的灰色按钮变成绿色。

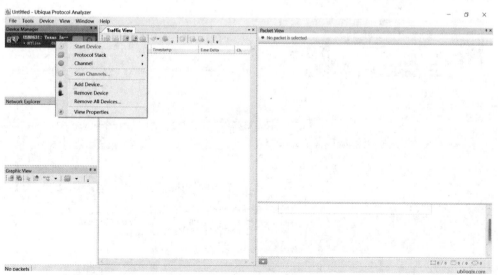

图 13-17　设备添加成功

2. 设置 ZigBee 抓取信道

选中安装好的设备，在 Device→Channel 处选择 ZigBee 网络所选用的信道，该信道是在构建 ZigBee 网络时通过编程设置的。本例选择"20(0x14,2450MHz)"，如图 13-18 所示。

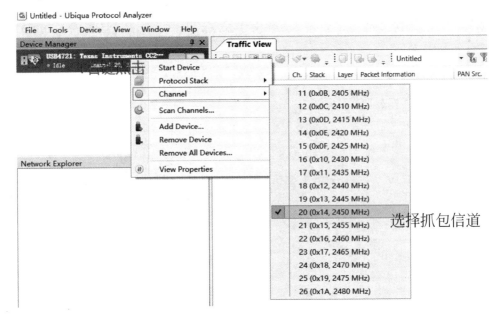

图 13-18　选择 ZigBee 网络

3. 添加 ZigBee 网络密钥

设备入网后会生成网络密钥 Network Key，如果软件没有添加 Network Key 将无法解析入网后的数据包。选择 Tools→Options→Security→Add，输入密钥即可，如图 13-19 所示。

注意：请务必记录下网络密钥 Network Key 值。

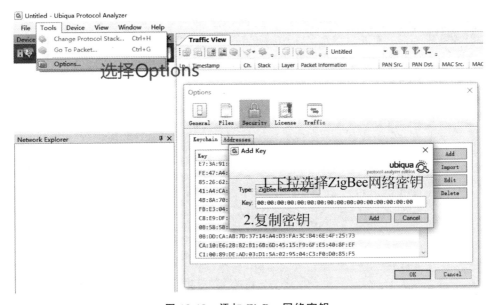

图 13-19　添加 ZigBee 网络密钥

13.6.5 抓包启动

1. 开始抓包

(1) 设置好后,单击设备上的开关按钮开始抓包,此时开关按钮由灰色变成绿色。正常情况下,主界面就会出现大量的数据包显示,如图 13-20 所示。

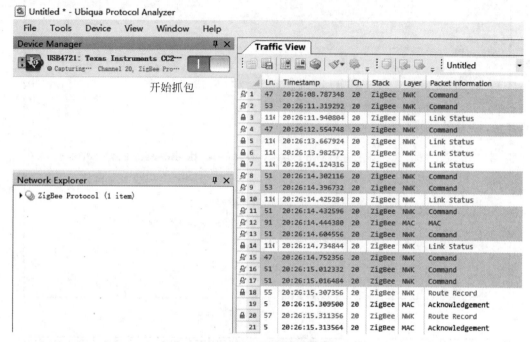

图 13-20　抓取的 ZigBee 网络数据包

(2) 每一条数据包前有一个锁形图标,分别表示解密包和未解密包,如图 13-21 所示。

图 13-21　解密包和未解密包示意图

(3) 在图 13-22 中,data 数据包是未解密状态。

2. 解密数据包

将默认网络密钥:00:01:02:03:04:05:06:07:08:09:0A:0B:0C:0D:0E:0F 输入 NWK KEY 框中进行解密操作。该密码可以通过实验 12 的图 12-30 进行设置。解密成功后即可查看到数据(温度和湿度),且数据包前的加密锁变成了不加密锁,如图 13-23 和图 13-24 所示。

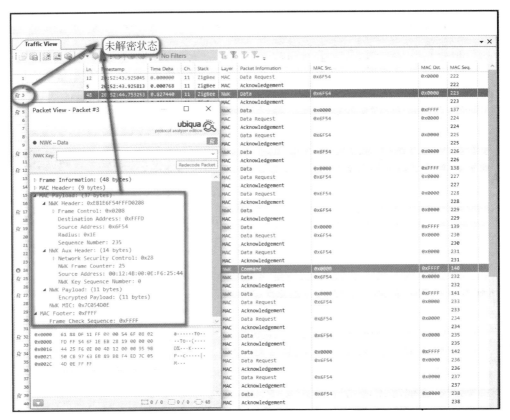

图 13-22 未解密数据包详图

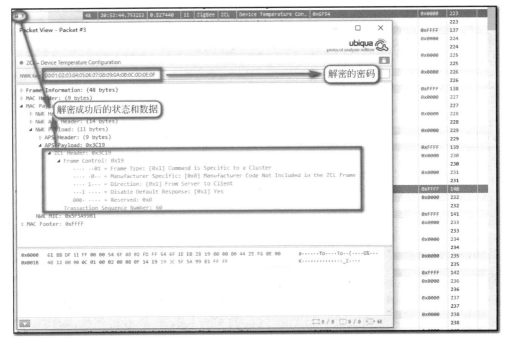

图 13-23 解密数据包详图(1)

实验13 ZigBee抓包实验

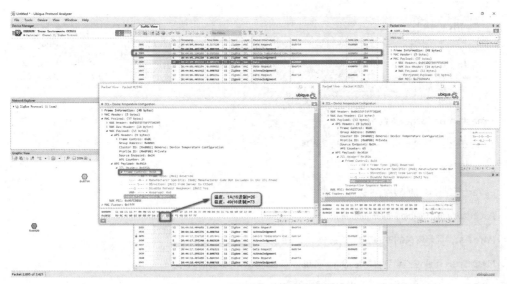

图 13-24 解密数据包详图（2）

3. 数据存储与分析

单击软件 Ubiqua 菜单栏 File→Save Capture as…将保存抓取数据到文件中，记录下来做离线分析。

1）数据包过滤

首先设置数据包显示参数和过滤器，目的是筛选出感兴趣的数据包，过滤掉其他无用的数据包。添加或者隐藏 Traffic View 中的内容，在 Ubiqua 左上角菜单栏选择 Tools→Options→Traffic，即可勾选在抓包 Traffic View 上要显示的内容，如图 13-25 所示。

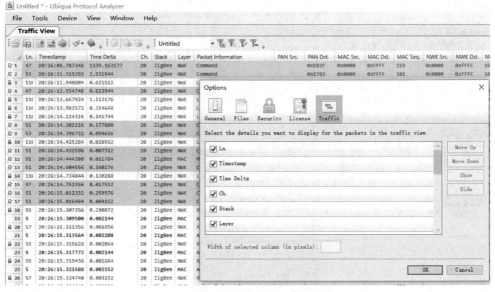

图 13-25 数据包过滤

单击某一条数据，Traffic View 显示如图 13-26 所示，包含了该条数据包的相关信息，如发出的时间、和上一条数据包的时间间隔等。

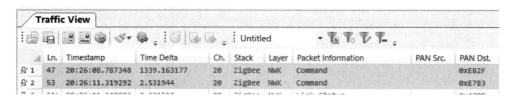

Timestamp：发出该条包的时间。

Time delta：这条包和上一条包的时间间隔。

Ch.：网关的当前信道。

Layer：层（MAC/NWK/APS/ZCL/ZDP）。

Packet information：数据包信息。

PAN Dst：显示网关的PAN ID，网关PAN ID可在ZLL Test中查看。

MAC Src：可通过查看到包的短地址，判断该条包是由哪个设备发出。

MAC Dst：MAC层目的地址，可查看到发出包的设备走的中继。

MAC seq：包的序号。

NWK Src：NWK层原地址，可查看某条是由哪个设备发出。

NWK Dst：NWK层目的地址，可查看到某条包的发送目的是给哪个设备。

图 13-26　Traffic View 显示

2）创建新的过滤设置

如图 13-27 所示，过滤器有 4 个快捷图标，从左到右分别是使能、创建、编辑和删除，相关设置如图所示。

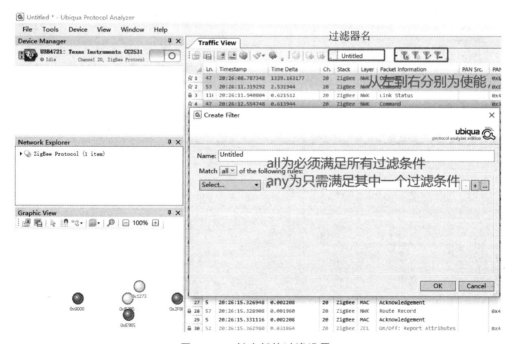

图 13-27　创建新的过滤设置

如图 13-28 所示，添加 PAN ID 过滤。

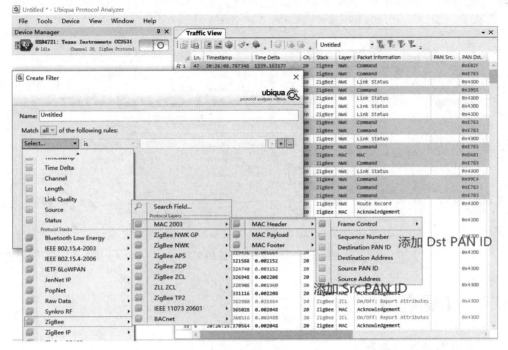

图 13-28　添加 PAN ID 过滤

如图 13-29 所示，添加 MAC 的短地址过滤。

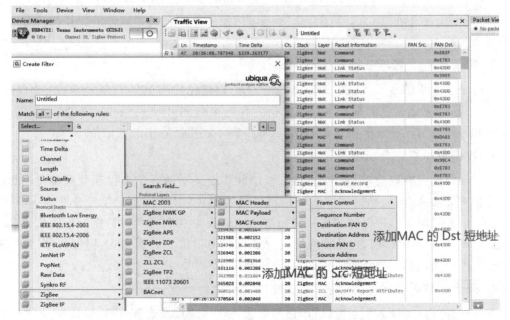

图 13-29　添加 MAC 的短地址过滤

如图 13-30 所示，添加 NWK 层的短地址。添加路径为 ZigBee→ZigBee NWK→Data Payload→NWK Header→Normal NWK Header→NWK Header。

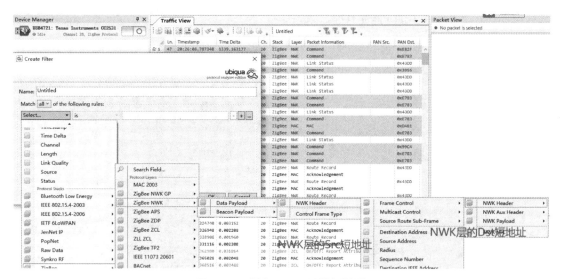

图 13-30 添加 NWK 层的短地址

13.7 注意事项

1. 实验准备与设备配置

确保所有实验设备(包括 CC2531 USB Dongle、必要的电源适配器、计算机及其上的数据分析软件)均处于良好工作状态,并预先安装好所有必要的驱动程序和抓包软件。在实验开始前,详细阅读并理解 CC2531 USB Dongle 的使用手册及抓包软件的操作指南,熟悉设备的连接步骤及软件界面的各项功能。

2. 实验环境设置与干扰控制

选择一个无线信号干扰较少的环境进行实验,以避免外部 Wi-Fi、蓝牙等信号对 ZigBee 通信的干扰,确保数据包的准确捕获与分析。合理布局 ZigBee 网络中的节点,确保节点间的距离和障碍物情况符合实验设计需求,以模拟实际应用场景中的通信条件。

3. 数据包抓取与分析方法

在启动数据包抓取前,明确实验目的,设定好需要关注的通信事件和数据类型,以便在后续分析中能够高效、准确地提取关键信息。使用抓包软件时,注意设置合适的捕获参数(如信道、捕获时间等),确保能够捕获到完整的 ZigBee 数据包序列。数据分析阶段,应深入理解 ZigBee 协议的帧结构,包括物理层、MAC 层和网络层的数据格式,以便能够准确解读数据包中的各项信息,如源地址、目的地址、帧类型、序列号等。

4. 安全与数据保护

在处理和分析无线数据包时,应严格遵守相关法律法规及道德规范,确保不侵犯他人隐私和知识产权。对于实验中获取的数据,应采取适当措施进行保护,避免数据泄露或被不当使用。实验结束后,及时清理并妥善存储相关数据文件。

13.8 思考题

1. 在军事物联网中,ZigBee 技术如何应用于战场监控与传感器网络构建?

(1) 描述 ZigBee 技术在战场监控中的具体应用场景,如通过 ZigBee 网络实现无人值守传感器的互联,实时传输战场态势信息(如振动、声音、图像等)。

(2) 分析 ZigBee 网络拓扑结构(星型、树型、网状)在战场环境中的选择依据,以及它们如何影响数据传输的可靠性和效率。

(3) 讨论 ZigBee 协议栈中网络层、MAC 层和物理层在战场数据传输中的具体作用,如何保障数据传输的安全性和实时性。

2. 分析 ZigBee 数据包在军事物联网中的解析与加密机制如何保障数据安全,请思考如下问题:

(1) 分析 ZigBee 数据包的结构,包括帧头、地址信息、数据载荷和校验码等部分,并说明各部分在数据传输中的作用。

(2) 探讨 ZigBee 网络中加密机制的应用,如网络密钥(Network Key)的生成与管理,如何防止数据包被非法截获和篡改。

(3) 结合军事物联网的特殊需求,讨论如何在 ZigBee 网络中实施更高级别的安全策略,如身份认证、访问控制和数据完整性验证等。

3. 给出 ZigBee 网络在军事物联网中的容量与扩展性问题及解决方案,请思考如下问题:

(1) 分析 ZigBee 网络在军事物联网中可能面临的容量限制,包括节点数量、数据传输速率和通信距离等。

(2) 讨论如何通过优化网络拓扑结构、采用多级路由和增加中继节点等方式来提升 Zigbee 网络的容量和扩展性。

(3) 探讨在复杂战场环境下,如何动态调整 ZigBee 网络的配置以适应不断变化的战场需求。

4. 分析 ZigBee 技术在军事物联网中的"马赛克战"策略应用及优势,请思考如下问题:

(1) 介绍"马赛克战"策略的概念,即通过将军事力量、资源和行动分散成多个小块并通过物联网连接,以增加敌人的侦察难度和决策复杂度。

(2) 分析 ZigBee 技术如何支持"马赛克战"策略的实施,如通过 ZigBee 网络实现分散节点的互联互通、数据共享和协同作战。

(3) 讨论 ZigBee 技术在"马赛克战"中的优势,包括低成本、低功耗、高可靠性和易于部署等特点,以及它们如何提升军队在复杂战场环境中的作战效能和生存能力。

实验14

Wi-Fi密码破解实验

14.1 实验目的

通过 Wi-Fi 密码破解实验,理解 Wi-Fi 的工作原理和安全协议。

14.2 实验任务

构建 Wi-Fi 网络,通过字典法完成 Wi-Fi 密码的破解。

14.3 实验环境

14.3.1 硬件环境

无线站点和终端至少各 1 个,具有无线抓包功能的网卡 1 张。

14.3.2 软件环境

(1)桌面虚拟计算机软件:VMware Workstation;
(2)渗透测试和安全审计操作系统:Kali Linux。

14.4 实验学时与要求

学时:2 学时。
要求:独立完成实验任务,撰写实验报告。

14.5 理论提示

14.5.1 网卡工作模式

1. 广播模式(Broad Cast Model)

广播模式的物理地址(MAC)是 0Xffffff 的帧为广播帧,工作在广播模式的网卡接收广播帧。

2. 多播传送模式（Multi Cast Model）

多播传送地址作为目的物理地址的帧可以被组内的其他主机同时接收，而组外主机却接收不到。但是，如果将网卡设置为多播传送模式，它可以接收所有的多播传送帧，而不论它是不是组内成员。

3. 直接模式（Direct Model）

工作在直接模式下的网卡只接收目的地址是自己 MAC 地址的帧。

4. 混杂模式（Promiscuous Model）

工作在混杂模式下的网卡接收所有的流过网卡的帧，通信包捕获程序就是在这种模式下运行的。

网卡的默认工作模式包含广播模式和直接模式，即它只接收广播帧和发给自己的帧。如果采用混杂模式，一个站点的网卡将接收同一网络内所有站点所发送的数据包。这样，就可以达到对网络信息监视捕获的目的。

14.5.2 Aircrack-ng 工具

Aircrack-ng 是一款用于破解无线 802.11WEP 及 WPA-PSK 加密的工具，该工具在 2005 年 11 月之前名为 Aircrack，在其 2.41 版本之后改名为 Aircrack-ng。

对于黑客，Aircrack-ng 是一款必不可缺的无线攻击工具，可以说很大一部分无线攻击都依赖它完成。

对于无线安全人员，Aircrack-ng 也是一款必备的无线安全检测工具，可以帮助管理员进行无线网络密码的脆弱性检查及了解无线网络信号的分布情况，非常适合对无线网络使用者（部队、工程、企业、公司等）进行无线安全审计时使用。

Aircrack-ng 套件的主要包如表 14-1 所示。本实验主要运用到方框中的相关命令，其余命令请自行根据需要使用。

表 14-1 Aircrack-ng 套件

包 名 称	描 述
aircrack-ng	破解 WEP，以及 WPA（字典攻击）密钥
airdecap-ng	通过已知密钥来解密 WEP 或 WPA 嗅探数据
airmon-ng	将网卡设定为监听模式
aireplay-ng	数据包注入工具（Linux 和 Windows 使用 CommView 驱动程序）
airodump-ng	数据包嗅探，将无线网络数据输送到 PCAP 或 IVS 文件并显示网络信息
airtun-ng	创建虚拟管道
airolib-ng	保存、管理 ESSID 密码列表
packetforge-ng	创建数据包注入用的加密包
Tools	混合、转换工具
airbase-ng	软件模拟 AP
airdecloak-ng	消除 pcap 文件中的 WEP 加密
airdriver-ng	无线设备驱动管理工具
airolib-ng	保存、管理 ESSID 密码列表，计算对应的密钥
airserv-ng	允许不同的进程访问无线网卡

续表

包 名 称	描 述
buddy-ng	easside-ng 的文件描述
easside-ng	和 AP 接入点通信(无 WEP)
tkiptun-ng	WPA/TKIP 攻击
wesside-ng	自动破解 WEP 密钥

14.5.3 渗透测试

渗透测试是指渗透人员在不同的位置(如从内网、从外网等位置)利用各种手段对某个特定网络进行测试,以期发现和挖掘系统中存在的漏洞,然后输出渗透测试报告,并提交给网络所有者。渗透测试是通过模拟恶意黑客的攻击方法,来评估计算机网络系统安全的一种方法。这个过程包括对系统的任何弱点、技术缺陷或漏洞的主动分析,这个分析是从一个攻击者可能存在的位置来进行的,并且从这个位置有条件主动利用安全漏洞。网络所有者根据渗透人员提供的渗透测试报告,可以清晰知晓系统中存在的安全隐患和问题。

渗透测试一般具有以下两个显著的特点:

(1) 渗透测试是一个渐进的并且逐步深入的过程;

(2) 渗透测试是选择不影响业务系统正常运行的攻击方法进行的测试。

14.5.4 安全审计

安全审计(security audit)是一个新概念,是指由专业审计人员根据有关的法律法规、财产所有者的委托和管理当局的授权,对计算机网络环境下的有关活动或行为进行系统的、独立的检查验证,并作出相应评价。安全审计是通过测试公司信息系统对一套确定标准的符合程度来评估其安全性的系统方法。

安全审计涉及 4 个基本要素:控制目标、安全漏洞、控制措施和控制测试。其中,控制目标是指企业根据具体的计算机应用,结合单位实际制定出的安全控制要求。安全漏洞是指系统的安全薄弱环节,即容易被干扰或破坏的地方。控制措施是指企业为实现其安全控制目标所制定的安全控制技术、配置方法及各种规范制度。控制测试是将企业的各种安全控制措施与预定的安全标准进行一致性比较,确定各项控制措施是否存在、是否得到执行、对漏洞的防范是否有效,评价企业安全措施的可依赖程度。显然,安全审计作为一个专门的审计项目,要求审计人员必须具有较强的专业技术知识与技能。

14.6 实验指导

14.6.1 VMware Workstation 虚拟机和 Kali Linux 操作系统安装

详见实验 1。

14.6.2 无线抓包网卡连接

(1) 将无线抓包网卡插入计算机 USB 接口;

(2) 开启 Kali Linux 操作系统;

(3) 检查无线抓包网卡连接情况。网卡可能处于休眠状态,需要随时检查,单击"虚拟机"→"设置"→"USB 控制器",设置如图 14-1 所示。

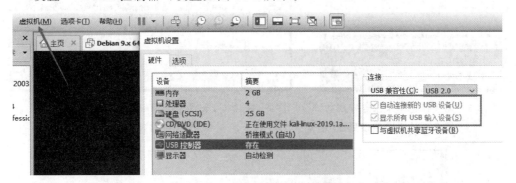

图 14-1　无线抓包网卡连接设置

(4) 如图 14-2 所示,查看 Kali 虚拟机右下角边框的 USB 图标显示,检查是否连接成功。

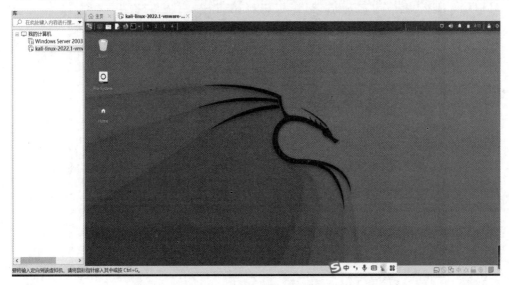

图 14-2　通过 USB 图标检测无线抓包网卡连接情况

如连接成功,Kali Linux 操作系统右下方显示如图 14-3 所示的标识。

如未连接成功,则对应的 USB 图标显示如图 14-4 所示,图 14-3 中对应的图标为灰色。需要右键单击"连接(断开与主机的连接)"按钮,如图 14-5 所示。

图 14-3　无线抓包网卡连接
正常下的 USB 图标显示

图 14-4　无线抓包网卡未连接
成功情况下的 USB 图标显示

(5) 在弹出的如图 14-6 所示的对话框中单击"确定"按钮。

(6) 拔出无线抓包网卡重新插入 USB 接口,在如图 14-7 所示对话框中选择"连接到虚拟机"→"确定"。此时,Kali Linux 操作系统右下方的 USB 连接图标将显示为如图 14-3 所示图标,表示连接成功。

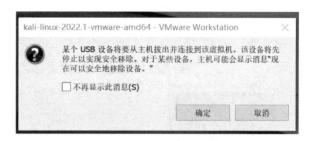

图 14-5　无线抓包网卡未连接成功情况下的再次连接处理

图 14-6　无线抓包网卡未连接成功情况下再次连接的"确认"处理

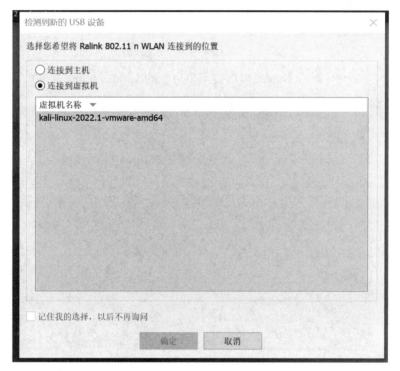

图 14-7　无线抓包网卡重新插入 USB 接口的连接处理

14.6.3　网卡监听模式开启

使用 Aircrack-ng 工具的 airmon-ng 启动监听模式,当用户将无线抓包网卡设置为监听模式后,就可以捕获到该网卡接收范围内的所有数据包。通过这些数据包,就可以分析附近 Wi-Fi 的网络情况,具体操作如下。

1. 打开虚拟机

双击虚拟机左侧的 Kali-Linux-2020.3-vmware-amd64,出现如图 14-8 所示的界面。

2. 开启此虚拟机

单击如图 14-9 所示的"开启此虚拟机"。

3. 输入密码

在图 14-10 所示界面中输入用户名和密码,均为 kali。

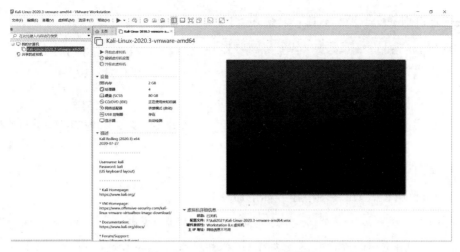

图 14-8 启动 Kali Linux 虚拟机

图 14-9 开启 Kali Linux 虚拟机

图 14-10 输入 Kali Linux 操作系统的用户名和密码

4. 打开终端界面

打开终端界面,如图 14-11 所示,即从右往左第二个黑框,将出现如图 14-12 所示的窗口。

图 14-11 打开 Kali Linux 操作系统的终端

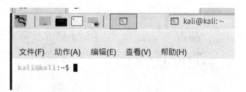

图 14-12 Kali Linux 操作系统终端界面

5. 清理进程

在终端窗口的 ~$ 后输入如下命令,目的在于抓包前先清理阻碍抓包的进程(输入命令时注意其中的空格):

kali@kali:~ $ sudo airmon - ng check kill //清理进程

6. 输入密码

在弹出的如图 14-13 所示界面,提示输入密码:密码为 kali。

注意:输入密码后,此处是没有任何显示的,直接按"Enter"键即可,即弹出如图 14-14 所示界面。

图 14-13　Kali Linux 操作系统登录界面　　图 14-14　数字"1208"不同计算机略有不同
（清理进程后的界面）

7. 开启网卡监听模式

开启网卡监听模式，在终端中输入如下命令：

kali@kali:～ $ sudo airmon－ng start wlan0　　//开启监听模式

将出现如图 14-15 所示的界面。这里要注意，在开启监听模式之后，wlan0 这个网卡名称叫 wlan0mon（偶尔也会不变）。

图 14-15　开启网卡监听的终端显示界面

8. 扫描网络

使用 airodump-ng 工具扫描网络，具体命令如下：

root@kali:～ $ sudo airodump－ng wlan0mon　　//扫描网络

如图 14-16 所示，蓝色区域为目标 AP 的 MAC 地址，例如，本机 D0:16:B4:D2:2D:B9。红色区域为目标用户的 MAC 地址，本机是 70:F1:1C:4B:DF:11。

CH（信道）：11。

Cipher：算法的加密体系。

Auth：认证协议。

BSSID：BSSID 号。

ESSID：Wi-Fi 名称。

Station 表示客户端的 MAC 地址。

加密方式：WPA2。

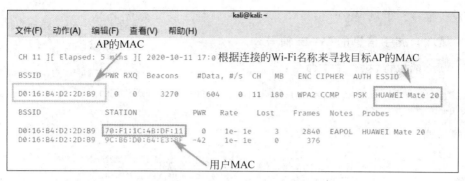

图 14-16　扫描出的 Wi-Fi 网络

9. 进行抓包

上面第一个终端不要关，重新打开一个终端，输入如下命令：

root@kali:~ $ sudo airodump-ng -c 11 --ivs -w test --bssid D0:16:B4:D2:2D:B9 wlan0mon

其中，参数 11 表示 Wi-Fi 的信道，即图 14-16 中的 CH（此处要根据实际捕获的信号来确定）；D0:16:B4:D2:2D:B9 表示 AP 的 MAC 地址；-c 为选取频道号；--ivs -w test 表示保存 .ivs 格式的包，名字为 test --bssid，即要破解 AP 的 SSID。

从第 8 步扫描到的结果中选定目标，特别留意 BSSID 和 CH，使用命令如下命令：

root@kali:~ $ sudo airodump-ng -c 11 --ivs -w test --bssid D0:16:B4:D2:2D:B9 wlan0mon

方框处：攻击指定用户命令执行后才可能出现该结果，该结果出现则表示抓到包含密码的报文。

此处只有一般的数据包，是无法进行密码破解的，需要破解的是用户连接 Wi-Fi 时的握手包。

当在图 14-17 中出现方框处的信息，说明成功抓到了握手包。

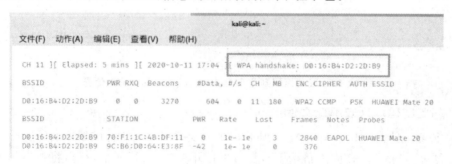

图 14-17　成功抓到握手的 Wi-Fi 信号

10. 攻击指定的用户

实际中，不一定每次都能正好抓到这个包。所以此处需要使用 aireplay-ng 工具，它可以强制用户断开 Wi-Fi 连接。该命令的原理是，给连接到 Wi-Fi 的一个设备发送一个 deauth（反认证）包，让那个设备断开 Wi-Fi，随后它会再次连接 Wi-Fi。

aireplay-ng 生效的前提是，Wi-Fi 网络中至少有一个连接的设备。从图 14-17 中可以看到哪些设备连接到了该 Wi-Fi 信号,STATION 就是连接设备的 MAC 地址。

11. 抓取含握手信息的 Wi-Fi 信号

打开新终端执行,执行以下命令:

root@kali:~ $ sudo aireplay-ng -0 100 -a D0:16:B4:D2:2D:B9 -c 70:F1:1C:4B:DF:11 wlan0mon

将弹出如图 14-18 所示的界面。

```
kali@kali:~$ sudo aireplay-ng -0 100 -a D0:16:B4:D2:2D:B9 -c 70:F1:1C:4B:DF:11 wlan0mon
17:04:30  Waiting for beacon frame (BSSID: D0:16:B4:D2:2D:B9) on channel 11
17:04:30  Sending 64 directed DeAuth (code 7). STMAC: [70:F1:1C:4B:DF:11] [ 6|68 ACKs]
17:04:31  Sending 64 directed DeAuth (code 7). STMAC: [70:F1:1C:4B:DF:11] [ 1|64 ACKs]
17:04:32  Sending 64 directed DeAuth (code 7). STMAC: [70:F1:1C:4B:DF:11] [68|66 ACKs]
17:04:33  Sending 64 directed DeAuth (code 7). STMAC: [70:F1:1C:4B:DF:11] [61|64 ACKs]
17:04:33  Sending 64 directed DeAuth (code 7). STMAC: [70:F1:1C:4B:DF:11] [53|64 ACKs]
17:04:34  Sending 64 directed DeAuth (code 7). STMAC: [70:F1:1C:4B:DF:11] [65|66 ACKs]
17:04:35  Sending 64 directed DeAuth (code 7). STMAC: [70:F1:1C:4B:DF:11] [67|67 ACKs]
17:04:35  Sending 64 directed DeAuth (code 7). STMAC: [70:F1:1C:4B:DF:11] [65|66 ACKs]
```

图 14-18 成功抓到含握手信息的 Wi-Fi 信号

-0:发送工具数据包的数量,这里是 100 个。

-a:指定目标 AP 的 MAC 地址(路由器)。

-c:指定用户的 MAC 地址(正在使用 Wi-Fi 的"我的手机")。

得到密码文件并破解,直到出现图 14-19 中的方框,说明成功抓到握手包,按 Ctrl+C 组合键结束,就可以结束监控模式,得到一个 .ivs 文件(这里得到的是 test-04.ivs 文件),密码信息在这个 .ivs 文件中,但需要破解。

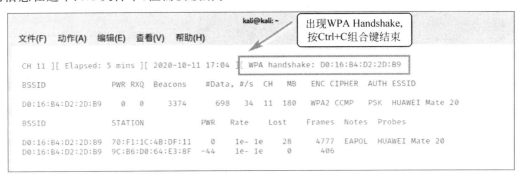

图 14-19 成功抓取到含有 Handshake 信息的 Wi-Fi 信号

12. 指定密码本来破解此文件

先将破解文件 wordlist.text 复制到 Kali Linux 系统下(如将破解文件 pojie.txt 放到 Desktop 目录下,和 .ivs 在同一目录下),然后再打开端口,执行如下命令,将弹出如图 14-20 所示的界面。

root@kali:~ $ aircrack-ng -w wordlist.txt test-04.ivs

-w:指定密码字典。

从图 14-20 看到方框处就是密码了,至此密码破解就完成了。

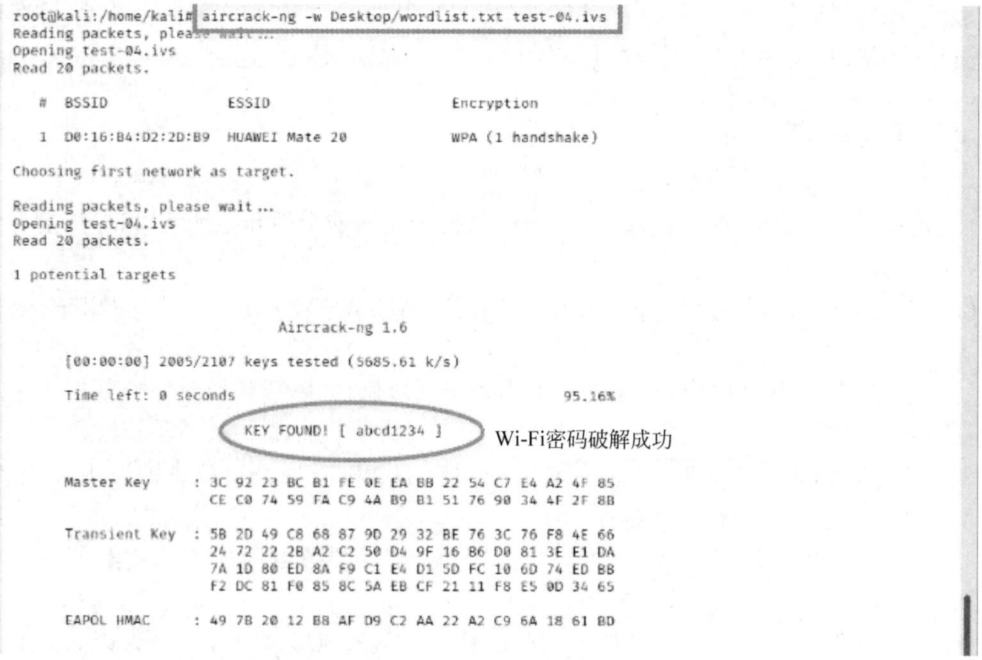

图 14-20 Wi-Fi 密码成功破解界面

14.7 注意事项

1. 合法性与伦理考量

在进行 Wi-Fi 密码破解前,必须获得网络所有者的明确许可或确保该行为符合当地法律法规。未经授权擅自破解他人 Wi-Fi 密码会涉及违法行为,并会对个人隐私和网络环境的安全造成威胁。

2. 技术手段与工具选择

应使用合法且专业的工具来进行密码破解,避免采用非法侵入系统或网络的软件。同时,要确保所选工具能够准确模拟攻击场景,以正确理解 Wi-Fi 的工作机制与安全防护需求。

3. 安全防护措施

在进行实验过程中,要注意个人信息安全,防止恶意软件或病毒的侵害。此外,要时刻警惕网络钓鱼等网络安全风险,保护个人身份信息和实验数据不被窃取或滥用。

4. 注意资源管理和性能监控

在实现中,应时刻注意监控虚拟机和宿主机的资源使用情况(如 CPU、内存、磁盘和网络带宽)。适时调整虚拟机配置或关闭不必要的程序,以确保实验顺利进行且不影响其他学习或工作活动。

5. 结果分析与报告撰写

实验结束后,应对结果进行深入分析,并结合 Wi-Fi 的工作原理和安全协议形成详细的报告。报告中应包括实验目的、方法、结果以及由此引发的对网络安全性的思考,旨在通过实践提升理论联系实践能力以及对网络安全问题的认识水平。

14.8 思考题

1. 在军事物联网中,Wi-Fi 技术如何确保数据传输的安全性和隐私性,以对抗潜在的敌方干扰或窃听?

(1) 分析 Wi-Fi 安全协议(如 WEP、WPA、WPA2、WPA3)的演进过程及其安全性的提升。

(2) 讨论在军事物联网中,应优先采用哪些安全协议,并解释其如何保护数据传输免受未授权访问和窃听。

(3) 探讨加密技术(如 AES 算法、RSA 算法等)在 Wi-Fi 安全协议中的应用,以及它们如何增强数据传输的机密性和完整性。

2. 面对复杂的战场环境,Wi-Fi 网络的部署和配置需要考虑哪些特殊因素,以确保其稳定性和可靠性?

(1) 分析战场环境中可能遇到的干扰源(如电磁干扰、地形遮挡等),并讨论如何通过合理的网络规划和配置来减少这些干扰的影响。

(2) 讨论在移动或动态变化的战场环境中,如何确保 Wi-Fi 网络的稳定性和可靠性,包括快速重新连接、无缝切换等技术手段。

(3) 考虑使用高功率 Wi-Fi 设备或增加中继节点等方式来扩大网络覆盖范围,并讨论其在实际应用中的可行性和限制。

3. 在军事物联网中,如何利用 Wi-Fi 技术进行战场态势感知和情报收集?

(1) 分析 Wi-Fi 技术在战场态势感知中的应用场景,如通过部署 Wi-Fi 传感器网络来监测敌方活动、环境变化等。

(2) 讨论如何利用 Wi-Fi 信号的特征(如 RSSI、CSI 等)来进行定位、追踪和识别,以提高战场情报的准确性和实时性。

(3) 思考如何将 Wi-Fi 技术与其他传感器和通信系统(如雷达、卫星通信等)相结合,形成多源融合的战场态势感知体系。

4. 面对敌方可能的网络攻击(如 DoS 攻击、中间人攻击等),军事物联网中的 Wi-Fi 网络应采取哪些安全防御措施?

(1) 分析敌方可能发起的网络攻击类型及其对 Wi-Fi 网络的影响,如拒绝服务攻击(DoS)可能导致网络瘫痪,中间人攻击可能窃取敏感信息。

(2) 讨论应采取的安全防御措施,包括但不限于加强网络访问控制、实施入侵检测和防御系统(IDS/IPS)、定期更新安全补丁和固件等。

(3) 思考如何在保证网络安全的同时,确保网络的灵活性和可扩展性,以适应战场环境的快速变化。

实验15

模拟IP欺骗实验

15.1 实验目的

(1) 理解 IP 欺骗的原理及相关防御方法；
(2) 掌握 Kali Linux 中 nping 工具的用法；
(3) 熟悉 Wireshark 软件的使用。

15.2 实验任务

通过 nping 命令模拟 IP 欺骗攻击，熟悉桌面虚拟计算机软件 VMware Workstation、数据包分析软件 Wireshark 和服务器操作系统 Windows Server 2003 相关使用。

15.3 实验环境

15.3.1 硬件环境

安装 Microsoft Windows 操作系统计算机 1 台。

15.3.2 软件环境

(1) 桌面虚拟计算机软件：VMware Workstation；
(2) 渗透测试和安全审计操作系统：Kali Linux；
(3) 数据包分析软件：Wireshark；
(4) 服务器操作系统：Windows Server 2003。

15.4 实验学时与要求

学时：2 学时。
要求：独立完成实验任务，撰写实验报告。

15.5 理论提示

15.5.1 IP 欺骗原理

IP 欺骗是指通过伪造产生的 IP 数据包特别是伪造源 IP 地址，以冒充其他系统或保护发件人的身份。IP 协议是计算机网络和互联网发送和接收报文的基础。

IP 协议的头部字段如图 15-1 所示。伪造的 IP 报文可以人为地设置其中任意字段，但最常用的欺骗是源地址欺骗。由于 IP 协议的路由过程只使用目标地址，因此不论源地址是否为真，都不影响报文到达目标地址主机。如果攻击者希望在攻击时隐藏自己的身份，就可以伪造源 IP 地址以欺骗安全系统。攻击者经常选择的欺骗地址包括一些私有地址空间和未分配的地址空间。

图 15-1 IP 协议的头部字段

15.5.2 nping 工具

1. nping 工具概述

nping 工具允许用户发送多种协议（TCP、UDP、ICMP 和 ARP 协议）的数据包，可以调整协议头中的字段，例如，可以设置 TCP 和 UDP 的源端口和目的端口。主要功能有：

(1) 发送 ICMP echo 请求；
(2) 对网络进行压力测试；
(3) ARP 毒化攻击；
(4) DoS 攻击；
(5) 支持多种探测模式；
(6) 可以探测多个主机的多个端口。

关于 nping 工具的更多使用规则，如图 15-2 所示，可以在 Kali Linux 虚拟机的终端中输入帮助命令：

```
nping
```

或登录主页进一步查询。

```
┌──(kali㊉kali)-[~]
└─$ nping
Nping 0.7.92 ( https://nmap.org/nping )
Usage: nping [Probe mode] [Options] {target specification}

TARGET SPECIFICATION:
  Targets may be specified as hostnames, IP addresses, networks, etc.
  Ex: scanme.nmap.org, microsoft.com/24, 192.168.0.1; 10.0.*.1-24
PROBE MODES:
  --tcp-connect                  : Unprivileged TCP connect probe mode.
  --tcp                          : TCP probe mode.
  --udp                          : UDP probe mode.
  --icmp                         : ICMP probe mode.
  --arp                          : ARP/RARP probe mode.
  --tr, --traceroute             : Traceroute mode (can only be used with
                                   TCP/UDP/ICMP modes).
TCP CONNECT MODE:
  -p, --dest-port <port spec>    : Set destination port(s).
  -g, --source-port <portnumber> : Try to use a custom source port.
TCP PROBE MODE:
  -g, --source-port <portnumber> : Set source port.
  -p, --dest-port <port spec>    : Set destination port(s).
  --seq <seqnumber>              : Set sequence number.
  --flags <flag list>            : Set TCP flags (ACK,PSH,RST,SYN,FIN...)
  --ack <acknumber>              : Set ACK number.
  --win <size>                   : Set window size.
  --badsum                       : Use a random invalid checksum.
UDP PROBE MODE:
  -g, --source-port <portnumber> : Set source port.
  -p, --dest-port <port spec>    : Set destination port(s).
  --badsum                       : Use a random invalid checksum.
```

(a)

```
ICMP PROBE MODE:
  --icmp-type <type>             : ICMP type.
  --icmp-code <code>             : ICMP code.
  --icmp-id <id>                 : Set identifier.
  --icmp-seq <n>                 : Set sequence number.
  --icmp-redirect-addr <addr>    : Set redirect address.
  --icmp-param-pointer <pnt>     : Set parameter problem pointer.
  --icmp-advert-lifetime <time>  : Set router advertisement lifetime.
  --icmp-advert-entry <IP,pref>  : Add router advertisement entry.
  --icmp-orig-time  <timestamp>  : Set originate timestamp.
  --icmp-recv-time  <timestamp>  : Set receive timestamp.
  --icmp-trans-time <timestamp>  : Set transmit timestamp.
ARP/RARP PROBE MODE:
  --arp-type <type>              : Type: ARP, ARP-reply, RARP, RARP-reply.
  --arp-sender-mac <mac>         : Set sender MAC address.
  --arp-sender-ip  <addr>        : Set sender IP address.
  --arp-target-mac <mac>         : Set target MAC address.
  --arp-target-ip  <addr>        : Set target IP address.
IPv4 OPTIONS:
  -S, --source-ip                : Set source IP address.
  --dest-ip <addr>               : Set destination IP address (used as an
                                   alternative to {target specification}).
  --tos <tos>                    : Set type of service field (8bits).
  --id  <id>                     : Set identification field (16 bits).
  --df                           : Set Don't Fragment flag.
  --mf                           : Set More Fragments flag.
  --ttl <hops>                   : Set time to live [0-255].
  --badsum-ip                    : Use a random invalid checksum.
  --ip-options <S|R [route]|L [route]|T|U ... > : Set IP options
  --ip-options <hex string>      : Set IP options
  --mtu <size>                   : Set MTU. Packets get fragmented if MTU is
                                   small enough.
```

(b)

图 15-2　nping 工具的使用规则

```
IPv6 OPTIONS:
  -6, --IPv6                         : Use IP version 6.
  --dest-ip                          : Set destination IP address (used as an
                                       alternative to {target specification}).
  --hop-limit                        : Set hop limit (same as IPv4 TTL).
  --traffic-class <class> :          : Set traffic class.
  --flow <label>                     : Set flow label.
ETHERNET OPTIONS:
  --dest-mac <mac>                   : Set destination mac address. (Disables
                                       ARP resolution)
  --source-mac <mac>                 : Set source MAC address.
  --ether-type <type>                : Set EtherType value.
PAYLOAD OPTIONS:
  --data <hex string>                : Include a custom payload.
  --data-string <text>               : Include a custom ASCII text.
  --data-length <len>                : Include len random bytes as payload.
ECHO CLIENT/SERVER:
  --echo-client <passphrase>         : Run Nping in client mode.
  --echo-server <passphrase>         : Run Nping in server mode.
  --echo-port <port>                 : Use custom <port> to listen or connect.
  --no-crypto                        : Disable encryption and authentication.
  --once                             : Stop the server after one connection.
  --safe-payloads                    : Erase application data in echoed packets
TIMING AND PERFORMANCE:
  Options which take <time> are in seconds, or append 'ms' (milliseconds),
  's' (seconds), 'm' (minutes), or 'h' (hours) to the value (e.g. 30m, 0.25h)
  --delay <time>                     : Adjust delay between probes.
  --rate  <rate>                     : Send num packets per second.
```
(c)

```
MISC:
  -h, --help                         : Display help information.
  -V, --version                      : Display current version number.
  -c, --count <n>                    : Stop after <n> rounds.
  -e, --interface <name>             : Use supplied network interface.
  -H, --hide-sent                    : Do not display sent packets.
  -N, --no-capture                   : Do not try to capture replies.
  --privileged                       : Assume user is fully privileged.
  --unprivileged                     : Assume user lacks raw socket privileges
  --send-eth                         : Send packets at the raw Ethernet layer.
  --send-ip                          : Send packets using raw IP sockets.
  --bpf-filter <filter spec>         : Specify custom BPF filter.
OUTPUT:
  -v                                 : Increment verbosity level by one.
  -v[level]                          : Set verbosity level. E.g: -v4
  -d                                 : Increment debugging level by one.
  -d[level]                          : Set debugging level. E.g: -d3
  -q                                 : Decrease verbosity level by one.
  -q[N]                              : Decrease verbosity level N times
  --quiet                            : Set verbosity and debug level to minimum
  --debug                            : Set verbosity and debug to the max level
EXAMPLES:
  nping scanme.nmap.org
  nping --tcp -p 80 --flags rst --ttl 2 192.168.1.1
  nping --icmp --icmp-type time --delay 500ms 192.168.254.254
  nping --echo-server "public" -e wlan0 -vvv
  nping --echo-client "public" echo.nmap.org --tcp -p1-1024 --flags ack

SEE THE MAN PAGE FOR MANY MORE OPTIONS, DESCRIPTIONS, AND EXAMPLES
```
(d)

图 15-2 (续)

2. nping 用法

用法：nping [Probe mode][Options] {target specification}

其中：Probe mode,探测模式；

--tcp-connect,无特权的 TCP 连接探测模式；

--tcp,TCP 探测模式；

-tr,--traceroute,路由跟踪模式(仅能和 tcp、udp、icmp 模式一起使用)；

-p,--dest-port,目标端口；

-g,--source-port,源端口；

--seq,设置序列号；

--flags,设置 TCP 标识(ack,psh,rst,syn,fin)；

--ack,设置 ACK 数；

-S,--source-ip,设置源 IP 地址；

--dest-ip,目的 IP 地址；

-c,设置次数；

-e,--interface,接口；

-H,--hide-sent,不显示发送的包；

-N,--no-capture,不抓获回复包；

-v,增加冗余等级；

-q,减少冗余登记。

3. nping 实例说明

本次实验需要使用的是伪造和欺骗 IP 协议部分的字段，nping 提供了丰富的头部字段欺骗能力，同时包括 IPv4 协议与 IPv6 协议。其中最主要的设置是源 IP 的欺骗设置。

开启 Kali Linux 终端输入如下命令：

sudo nping -- tcp 192.167.186.129

与 IP 地址为 192.167.186.129 的终端建立 TCP 探测模式。执行命令后，终端将出现如图 15-3 所示的界面。

```
┌──(kali㉿kali)-[~]
└─$ sudo nping --tcp 192.168.186.129

Starting Nping 0.7.92 ( https://nmap.org/nping ) at 2022-03-31 05:23 EDT
SENT (0.0432s) TCP 192.168.186.135:20655 > 192.168.186.129:80 S ttl=64 id=20561 iplen=40  seq=2801701348 win=1480
RCVD (0.0436s) TCP 192.168.186.129:80 > 192.168.186.135:20655 RA ttl=128 id=137 iplen=40  seq=0 win=0
SENT (1.0439s) TCP 192.168.186.135:20655 > 192.168.186.129:80 S ttl=64 id=20561 iplen=40  seq=2801701348 win=1480
RCVD (1.0443s) TCP 192.168.186.129:80 > 192.168.186.135:20655 RA ttl=128 id=138 iplen=40  seq=0 win=0
SENT (2.0463s) TCP 192.168.186.135:20655 > 192.168.186.129:80 S ttl=64 id=20561 iplen=40  seq=2801701348 win=1480
RCVD (2.0469s) TCP 192.168.186.129:80 > 192.168.186.135:20655 RA ttl=128 id=139 iplen=40  seq=0 win=0
SENT (3.0473s) TCP 192.168.186.135:20655 > 192.168.186.129:80 S ttl=64 id=20561 iplen=40  seq=2801701348 win=1480
RCVD (3.0478s) TCP 192.168.186.129:80 > 192.168.186.135:20655 RA ttl=128 id=140 iplen=40  seq=0 win=0
SENT (4.0494s) TCP 192.168.186.135:20655 > 192.168.186.129:80 S ttl=64 id=20561 iplen=40  seq=2801701348 win=1480
RCVD (4.0505s) TCP 192.168.186.129:80 > 192.168.186.135:20655 RA ttl=128 id=141 iplen=40  seq=0 win=0

Max rtt: 0.756ms | Min rtt: 0.303ms | Avg rtt: 0.455ms
Raw packets sent: 5 (200B) | Rcvd: 5 (230B) | Lost: 0 (0.00%)
Nping done: 1 IP address pinged in 4.09 seconds
```

图 15-3　IP 协议的头部字段

15.5.3　实验基础架构

本实验基础架构如图 15-4 所示。在桌面虚拟计算机软件 VMware Workstation 中安装 Kali 和 Windows Server 2003 操作系统，分别模拟物联网通信中的客户端和服务器端，同时，运用 nping 命令对 Windows Server 2003 操作系统的 IP 地址进行篡改，采用虚假的 IP 地址使其与 Kali Linux 操作系统进行通信，实施模拟 IP 欺骗；再通过数据包分析软件 Wireshark 抓包分析模拟 IP 欺骗后的结果。

图 15-4 模拟 IP 欺骗实验基础架构

15.6 实验指导

15.6.1 相关环境配置

(1) 将 Kali Linux 和 Windows Server 2003 的网络连接方式都设置为 NAT(用于共享主机的 IP 地址),如图 15-5 所示。

图 15-5 设置 Kali Linux 和 Windows Server 2003 的网络连接方式为 NAT

(2) Kali Linux 和 Windows Server 2003 的 IP 获取方式设置为自动获取 IP 地址(DHCP 分配)。该方式为系统默认方式。如需单独配置,可参考附录 3 中的执行相关步骤。

15.6.2　IP 地址查看

分别查看并记录 Kali Linux 和服务器端 Windows Server 2003 的 IP 地址（由于 IP 地址为自动获取，本实验范例 Kali Linux 的 IP 地址为 192.167.186.135，服务器端 Windows Server 2003 的 IP 地址为 192.167.186.129，请勿照搬）。具体步骤如下：

1. 查看 Kali Linux 操作系统的 IP 地址

（1）单击 Kali Linux 虚拟机如图 15-6 所示的位置，打开 Kali Linux 的一个终端 Terminal Emulater，出现如图 15-7 所示的界面。

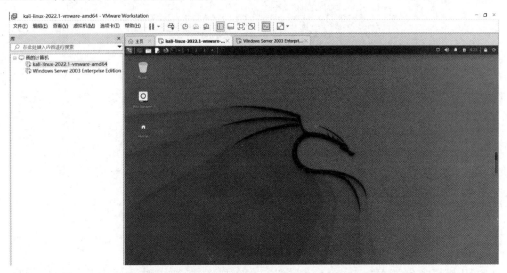

图 15-6　打开 Kali Linux 的终端 Terminal Emulator

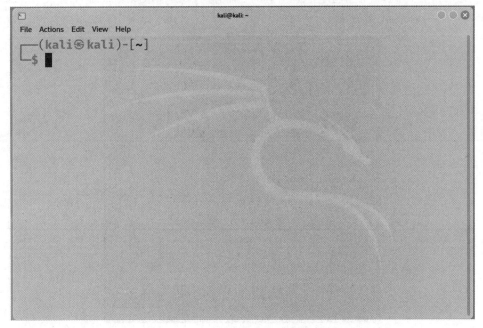

图 15-7　Kali Linux 的终端 Terminal Emulator

（2）在打开的 Kali Linux 终端 Terminal Emulater 中输入 ifconfig 命令，将出现如图 15-8 所示的界面。该命令是在 Linux 下可设置网络设备的状态，或是显示当前的设置。本实验中主要查看 Kali Linux 的 IP 地址。例如，本例中 IP 地址为 192.167.186.135。

注意：由于是自动获取 IP，所以实验中每台计算机的 IP 是不同的，不能照搬上述 IP 地址。

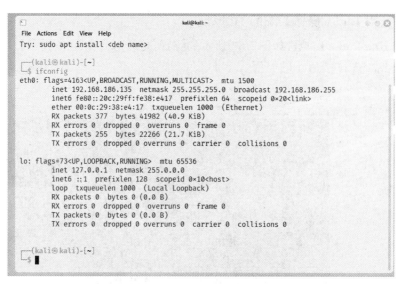

图 15-8　Kali Linux 的网络参数

2. 查看服务器端 Windows Server 2003 的 IP 地址

（1）开启服务器端 Windows Server 2003，在如图 15-9 中对话框中输入相应信息。如在安装时未设置密码，直接单击图 15-9 中的"确定"→"其他故障：系统没有反应"，即可进入如图 15-10 所示的正常界面。

图 15-9　服务器端 Windows Server 2003 的故障处理

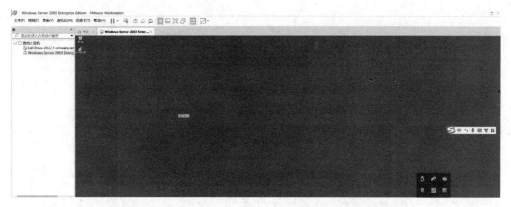

图 15-10 服务器端 Windows Server 2003 的正常启动界面

（2）单击服务器端 Windows Server 2003 的"开始"→"命令提示符"，在弹出的如图 15-11 所示的窗口光标闪烁处输入 ipconfig 命令，即可查看服务器端 Windows Server 2003 的 IP 地址。

图 15-11 获得服务器端 Windows Server 2003 的 IP 地址正常启动界面

15.6.3 Wireshark 软件启动

1. 选中 VMware Network Adapter VMnet8 网卡

因本实验中 Kali Linux 和 Windows Server 2003 的网络连接方式都设置为 NAT 模式，因此单击 VMware Network Adapter VMnet8 选中网卡就可以监听 NAT 模式下所有虚拟机的通信流量，进入如图 15-12 所示界面。

由于此时 Kali Linux 和 Windows Server 2003 没有网络通信流量，所以只能监听到 VMware Network Adapter VMnet8 网卡基于 ARP 协议的广播数据包，查询 IP 地址为 192.167.186.2 的 MAC 地址。

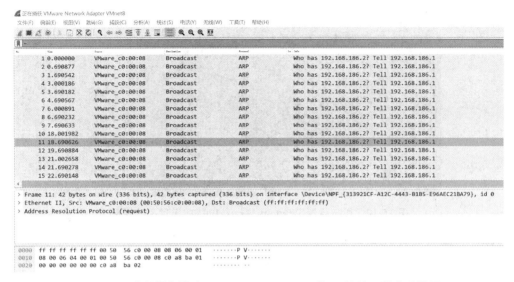

图 15-12　获得服务器端 Windows Server 2003 的 IP 地址正常启动界面

2. 设置过滤规则

由于本实验是完成 IP 欺骗实验，因此设置过滤规则为"ip"，在如图 15-13 所示的菜单中输入 IP 即可。

图 15-13　设置过滤规则

15.6.4　Kali Linux 操作系统进入

开启 Kali Linux 一个终端，在终端中输入如下命令：

sudo nping -- tcp 192.167.186.129

得到如图 15-14 所示的界面。

参数说明：

sudo 表示启动管理员权限，需要管理员权限密码：kali。出于安全原因，在 Kali 终端中没有密码反馈。输完密码，直接按 Enter 键即可。

--tcp 表示启动 TCP 探测模式。

192.167.186.129 为本实例中服务器端 Windows Server 2003 的 IP 地址。

```
┌──(kali㉿kali)-[~]
└─$ sudo nping --tcp 192.168.186.129
[sudo] password for kali:

Starting Nping 0.7.92 ( https://nmap.org/nping ) at 2022-03-31 05:41 EDT
SENT (0.0631s) TCP 192.168.186.135:36688 > 192.168.186.129:80 S ttl=64 id=52917 iplen=40  seq=3397180939 win=1480
RCVD (0.0640s) TCP 192.168.186.129:80 > 192.168.186.135:36688 RA ttl=128 id=177 iplen=40  seq=0 win=0
SENT (1.0636s) TCP 192.168.186.135:36688 > 192.168.186.129:80 S ttl=64 id=52917 iplen=40  seq=3397180939 win=1480
RCVD (1.0643s) TCP 192.168.186.129:80 > 192.168.186.135:36688 RA ttl=128 id=178 iplen=40  seq=0 win=0
SENT (2.0665s) TCP 192.168.186.135:36688 > 192.168.186.129:80 S ttl=64 id=52917 iplen=40  seq=3397180939 win=1480
RCVD (2.0686s) TCP 192.168.186.129:80 > 192.168.186.135:36688 RA ttl=128 id=179 iplen=40  seq=0 win=0
SENT (3.0693s) TCP 192.168.186.135:36688 > 192.168.186.129:80 S ttl=64 id=52917 iplen=40  seq=3397180939 win=1480
RCVD (3.0705s) TCP 192.168.186.129:80 > 192.168.186.135:36688 RA ttl=128 id=180 iplen=40  seq=0 win=0
SENT (4.0722s) TCP 192.168.186.135:36688 > 192.168.186.129:80 S ttl=64 id=52917 iplen=40  seq=3397180939 win=1480
RCVD (4.0730s) TCP 192.168.186.129:80 > 192.168.186.135:36688 RA ttl=128 id=181 iplen=40  seq=0 win=0

Max rtt: 1.825ms | Min rtt: 0.490ms | Avg rtt: 0.950ms
Raw packets sent: 5 (200B) | Rcvd: 5 (230B) | Lost: 0 (0.00%)
Nping done: 1 IP address pinged in 4.11 seconds

┌──(kali㉿kali)-[~]
└─$
```

图 15-14 设置过滤规则

观察终端，同时能够测算出最大、最小、平均 RTT 时间及 seq。

15.6.5　基于 Wireshark 软件抓包结果观察

从如图 15-15 所示的结果可以看观察采集到的报文并检查源宿的 IP 地址。可以看到，当前的源 IP 地址为 192.167.186.135（本实验中 Kali Linux 虚拟机的 IP 地址）。

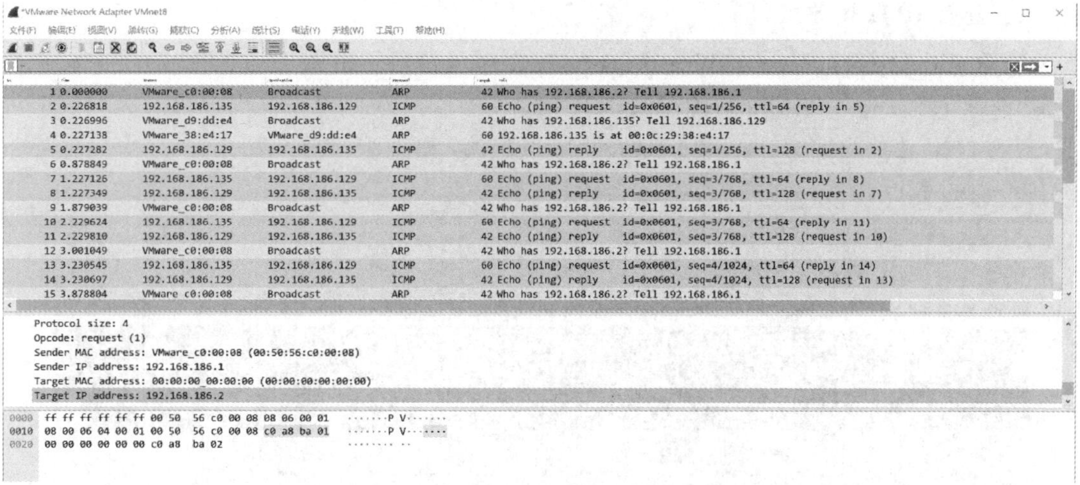

图 15-15 正常的 MAC 源主机和目标主机地址

15.6.6　模拟 IP 欺骗实施

1. 再次执行 nping 命令

在 Kali Linux 虚拟机的终端中再次执行 nping 命令。与上次不同的是，这一次加上指定源 IP 地址的参数，具体命令如下：

sudo nping -- tcp - source - ip 10.0.2.100 192.167.186.129

参数说明：

sudo 表示启动管理员权限，需要管理员权限密码：kali。出于安全原因，在 Kali 终端中没有密码反馈。输完密码，直接按 Enter 键即可。

--tcp：启动 TCP 探测模式。

-source-ip：设置源 IP 地址。

10.0.2.100 是 IP 欺骗后的伪地址，该地址在符合 IP 地址规则的基础上可以自行设定。

192.167.186.129 是目标主机地址（即本实验中 Windows Server 2003 操作系统的 IP 地址），得到如图 15-16 所示的结果。

```
┌──(kali㉿kali)-[~]
└─$ sudo nping --tcp -source-ip 10.0.2.100 192.168.186.129

Starting Nping 0.7.92 ( https://nmap.org/nping ) at 2022-03-31 05:52 EDT
SENT (0.0483s) TCP 10.0.2.100:36073 > 192.168.186.129:80 S ttl=64 id=2701 iplen=40  seq=638991983 win=1480
RCVD (0.0491s) TCP 192.168.186.129:80 > 10.0.2.100:36073 RA ttl=128 id=212 iplen=40  seq=0 win=0
SENT (1.0490s) TCP 10.0.2.100:36073 > 192.168.186.129:80 S ttl=64 id=2701 iplen=40  seq=638991983 win=1480
RCVD (1.0495s) TCP 192.168.186.129:80 > 10.0.2.100:36073 RA ttl=128 id=213 iplen=40  seq=0 win=0
SENT (2.0508s) TCP 10.0.2.100:36073 > 192.168.186.129:80 S ttl=64 id=2701 iplen=40  seq=638991983 win=1480
RCVD (2.0514s) TCP 192.168.186.129:80 > 10.0.2.100:36073 RA ttl=128 id=214 iplen=40  seq=0 win=0
SENT (3.0532s) TCP 10.0.2.100:36073 > 192.168.186.129:80 S ttl=64 id=2701 iplen=40  seq=638991983 win=1480
RCVD (3.0542s) TCP 192.168.186.129:80 > 10.0.2.100:36073 RA ttl=128 id=215 iplen=40  seq=0 win=0
SENT (4.0558s) TCP 10.0.2.100:36073 > 192.168.186.129:80 S ttl=64 id=2701 iplen=40  seq=638991983 win=1480
RCVD (4.0562s) TCP 192.168.186.129:80 > 10.0.2.100:36073 RA ttl=128 id=216 iplen=40  seq=0 win=0

Max rtt: 0.766ms | Min rtt: 0.253ms | Avg rtt: 0.489ms
Raw packets sent: 5 (200B) | Rcvd: 5 (230B) | Lost: 0 (0.00%)
Nping done: 1 IP address pinged in 4.09 seconds
```

图 15-16　运行模拟 IP 欺骗后的结果

2. 查看 IP 欺骗效果

启动 Wireshark 软件。在 Wireshark 中观察抓包结果。由图 15-17 可以看到，本来是由 IP 地址 192.167.186.135 的源主机向 IP 地址为 192.167.186.129 虚拟机发送的数据请求，变成了 IP 地址为 10.0.2.100 的伪造地址发送的，表示 IP 欺骗成功。

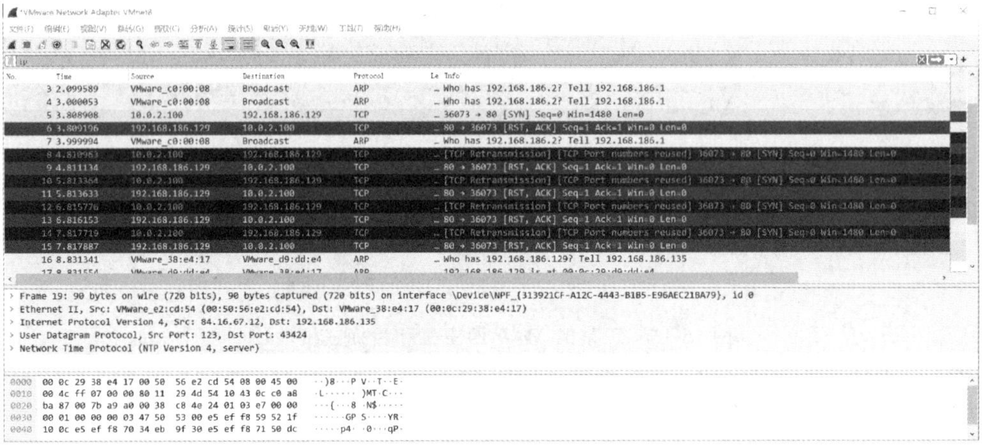

图 15-17　模拟 IP 欺骗成功后的结果

15.7　注意事项

1. 理论学习与实践结合

在动手实验之前，务必深入理解 IP 欺骗的基本原理，包括其工作机制、攻击方式以及可能造成的后果。通过理论学习,可以为实践操作提供坚实的理论基础,避免盲目尝试或误解实验结果。

2. 实验环境的安全与隔离

进行涉及网络攻击技术的实验时,必须确保实验环境的安全与隔离。使用虚拟机或隔离的网络环境进行实验,以防止对实际网络环境造成意外损害或泄露敏感信息。同时,遵循网络安全最佳实践,确保实验过程不会对他人或组织造成不良影响。

3. 合规与伦理意识

在进行网络安全实验时,必须始终保持高度的合规与伦理意识。确保所有实验活动均符合当地法律法规、学校规定及道德准则。未经授权不得对任何网络或系统进行攻击测试,以免触犯法律或造成不必要的损失。

15.8 思考题

1. 通过帮助在对 nping 工具进一步了解的基础上,对以下命令进行修改,要求修改前后功能不变。

原命令:

sudo nping -- tcp - source - ip 10.0.2.100 192.167.186.129

2. 尝试 nping 工具的其他用法。

3. IP 欺骗很重要的一点是利用了网络路由只依赖 IP 报文的目的主机地址,Cisco 公司推出了一项名为单播反向路径转发(Unicast Reverse Path Forwarding,URPF)的技术来解决 IP 源地址伪造的技术,查看这项技术的文档,并思考这项技术是否能完全解决 IP 源地址欺骗的问题,你能找到绕过这项技术的方法吗?

4. 请思考在军事物联网中,IP 欺骗可能如何被敌方利用来发起攻击,对指挥控制系统造成哪些潜在威胁?

(1) 分析 IP 欺骗的基本原理,即伪造源 IP 地址以欺骗目标系统。

(2) 讨论敌方如何利用 IP 欺骗技术绕过安全检测,伪装成合法用户或设备访问军事物联网中的敏感系统或数据。

(3) 阐述这种攻击可能对指挥控制系统造成的潜在威胁,如信息泄露、命令篡改、系统瘫痪等。

5. 为了防范 IP 欺骗攻击,请思考军事物联网应采取哪些技术手段加强网络认证和访问控制?

(1) 探讨使用强密码策略、多因素认证等方法提高用户和设备身份的真实性验证。

(2) 分析 IP 地址过滤、MAC 地址绑定等技术在限制非法 IP 访问中的作用。

(3) 讨论使用基于角色的访问控制(RBAC)和最小权限原则来限制用户和系统权限,减少潜在攻击面。

6. 请思考军事物联网中的加密技术和安全协议如何与 IP 欺骗防御相结合,提高数据传输的安全性?

(1) 分析加密技术在保护数据传输过程中的机密性和完整性方面的作用,如使用 TLS/

SSL 协议对通信进行加密。

（2）讨论安全协议（如 IPsec）如何为 IP 数据包提供加密、验证和完整性保护，以防范 IP 欺骗攻击。

（3）如何将加密技术和安全协议与 IP 欺骗防御策略相结合，形成多层次的安全防护体系。

7．面对复杂多变的战场环境，请思考军事物联网如何动态调整防御策略以应对 IP 欺骗等新型网络攻击？

（1）分析战场环境中网络攻击的特点和趋势，包括攻击手段的不断更新和变化。

（2）讨论如何建立快速响应和动态调整的防御机制，如实时监控网络流量、定期更新安全策略和规则库等。

（3）思考如何利用人工智能和机器学习技术来自动识别和拦截潜在的 IP 欺骗攻击，提高防御的智能化和自动化水平。

实验 16

模拟SYN Flooding攻击实验

16.1 实验目的

(1) 理解 SYN Flooding 攻击原理；
(2) 掌握桌面虚拟计算机软件 VMware Workstation、Kali Linux 的安装与配置；
(3) 掌握使用 hping3 工具发起模拟 SYN Flooding 攻击的方法；
(4) 掌握运用 Wireshark 发现网络异常。

16.2 实验任务

基于 Kali Linux 操作系统，使用 hping3 工具模拟 SYN Flooding 攻击，并通过 Wireshark 软件发现网络异常。

16.3 实验环境

16.3.1 硬件环境

安装 Microsoft Windows 操作系统的计算机 1 台。

16.3.2 软件环境

(1) 桌面虚拟计算机软件：VMware Workstation；
(2) 渗透测试和安全审计操作系统：Kali Linux；
(3) 数据包分析软件：Wireshark；
(4) 服务器操作系统：Windows Server 2003；
(5) 微软视窗操作系统：Microsoft Windows。

16.4 实验学时与要求

学时：2 学时。

要求：独立完成实验任务，撰写实验报告。

16.5 理论提示

16.5.1 TCP 连接

与 IP 不同，TCP 是面向连接的。TCP 的连接和建立采用客户-服务器方式。主动发起连接建立的应用进程叫作客户端(Client)，被动等待连接建立的应用进程叫作服务器端(Server)。正常情况下，服务器端与客户端在每次进行数据传输之前，都要先虚拟出一条路线，称为 TCP 连接，以后的数据传输都经由该路线进行，直到本次 TCP 连接结束。建立 TCP 连接的过程需要 3 个步骤，这 3 个步骤通常称为"三次握手"(Three Way Handshake)，如图 16-1 所示。

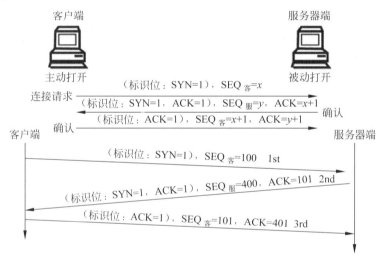

图 16-1 TCP 连接三次握手示意图

第一步：客户端发送一个标识位 SYN=1 的 TCP 报文给服务器端，然后等待服务器端的确认。该报文表明是向服务器端发出的连接请求报文，同时该报文还包含客户端使用的端口号和初始序列号 $SEQ_{客}$，此处假设 $SEQ_{客}=x$，x 的值是客户端根据相关算法确定的，不一定是 1。

第二步：服务器端接收到来自客户端的 TCP 报文后，通过该报文的标志位 SYN=1 判断这是一个连接请求报文；如接受客户端的连接请求，就反馈一个 SYN+ACK 确认报文给客户端，并等待客户端的最终确认。该 SYN+ACK 确认报文的标识位 SYN=1、ACK=1，包含确认号 $ACK=x+1$(该确认号 ACK 等于客户端发来的 TCP 报文的序列号 $SEQ_{客}$ 加 1，即提醒客户端接下来应该发送序列号为 $x+1$ 的报文过来了)和服务器端的初始序列号 $SEQ_{服}=y$。同时，服务器端将客户端的 IP 地址加入等待列表，预分配资源为即将建立的 TCP 连接存储信息做准备,且这个资源一直会保留到 TCP 连接释放。服务器端反馈客户端 SYN+ACK 确认报文的目的有两个:①向客户端表明自己已做好建立 TCP 连接的准备了,即 TCP 连接处于半开状态(Half-Open);②等待客户端发来做好建立 TCP 连接准备的最终确认信息。

第三步:客户端收到服务器端反馈的 SYN+ACK 确认报文后,再向服务器端返回一个标识位 ACK=1,确认号为 ACK=y+1(该确认号 ACK 等于服务器端反馈的 SYN+ACK 确认报文的序列号 SEQ 加 1,即提醒服务器端接下来应该发送序列号为 y+1 的报文过来了)、序列号为 x+1(该值等于客户端的初始序列号 SEQ$_客$ 加 1)的 ACK 确认报文。至此,一个标准的 TCP 连接完成。

16.5.2 SYN Flooding 攻击原理

在 TCP 连接建立过程中,会出现一些异常情况,如服务器端在发送 SYN+ACK 确认报文后,并没有收到客户端的 ACK 确认报文。其可能的原因有以下 3 种。

(1) 服务器端发给客户端的 SYN+ACK 确认报文可能因故丢在半路了,客户端根本没收到该报文,所以没有反馈。

(2) 客户端收到了服务器端发来的 SYN+ACK 确认报文,也针对该报文给服务器端发送了 ACK 确认报文,但不幸的是该报文丢在半路了。

(3) 客户端在收到服务器端发来的 SYN+ACK 确认报文后,因遭遇死机或断网而无法给服务器端发送 ACK 确认报文。

为了解决上述问题,实现可靠传输,TCP 协议设置了如下异常处理机制。当服务器端发出 SYN+ACK 确认报文后等待客户端确认,即 TCP 连接处于半开状态时,会给每个待完成的半开连接都设置一个定时器 Timer,如果超过时间还没有收到客户端的 ACK 确认报文,则重发第二步的 SYN+ACK 确认报文给客户端,重发一般进行 3~5 次,间隔 30s 左右轮询一次,等待列表会重试所有没收到最终 ACK 确认报文的客户端。服务器端发出 SYN+ACK 确认报文后,会预分配资源为即将建立的 TCP 连接存储信息做准备,并且在等待重试期间一直保留。但是由于服务器端的资源是有限的,超过等待列表极限后就不能再接收新的 TCP 报文,也就是说会拒绝新的 TCP 连接建立。

由于 TCP 是双工(Duplex)连接,同时支持双向通信,也就是双方同时可向对方发送消息,SYN Flooding 攻击正是利用了 TCP 连接这样一个异常处理机制来实现攻击目的的。具体过程如图 16-2 所示:恶意客户端首先会给服务器端发送大量建立连接的 TCP 报文,服务器端根据 TCP 连接建立第二步,反馈 SYN+ACK 确认报文给客户端。但此时,恶意客户端并不会依据第三步给服务器端发送 ACK 确认报文。因此,

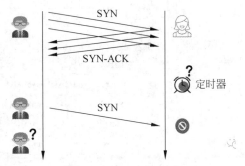

图 16-2 SYN Flooding 攻击示意图

根据异常处理机制,服务器端将会维持一个庞大的等待列表,并不停重试发送 SYN+ACK 报文给客户端,同时其占用着的大量资源无法释放。更为关键的是,被攻击服务器的等待列表被恶意客户端占满后,就无法接收新的 TCP 连接建立请求,其余合法的客户端将无法与服务器端完成三次握手建立起 TCP 连接,这就是 SYN Flooding 攻击。此类攻击会使服务

器端一直陷入等待的过程中，并且耗用大量的 CPU 资源和内存资源来进行 SYN+ACK 报文的重发，最终使服务器崩溃，严重者甚至会引起网络堵塞或系统瘫痪。SYN Flooding 攻击实现起来非常简单，不管目标是什么系统，只要这些系统打开 TCP 服务就可以实施。SYN Flooding 攻击除了能影响主机外，还可以危害路由器、防火墙等网络系统。SYN Flooding 攻击是经典的“以小搏大”的攻击，自己使用少量资源占用对方大量资源。一台 P4 的 Linux 系统能发 30～40Mb/s 的 64 字节的 SYN Flooding 报文，而一台普通的服务器 20Mb/s 的流量就基本没有任何响应了(包括鼠标、键盘)。而且 SYN Flooding 不仅可以远程进行，还可以伪造源 IP 地址，给追查造成很大困难，要查找必须对所有骨干网络运营商的路由器一级一级地向上查找。在实施拒绝服务攻击时，攻击者一般都会编写特定的工具或者使用现有的工具，如 SYN-Killer 就是一款典型的 SYN Flooding 工具。

16.5.3 hping3 工具

hping3 是 Kali Linux 操作系统中自带的命令式工具，其中的各种功能要依靠设置参数来实现。启动 hping3 的方式就是在 Kali Linux2 操作系统中启动一个终端，然后输入“hping3”即可，如图 16-3 所示。

```
root@kali:~# hping3
hping3 >
```

```
┌──(kali㉿kali)-[~]
└─$ hping3
hping3>
```

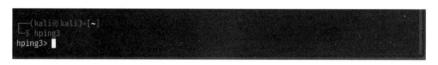

图 16-3 hping3 使用示意图

鉴于 hping3 的参数数目众多，可以参考这个工具的帮助文件，方法是在终端中启动输入“hping3 --help”，如图 16-4 所示。

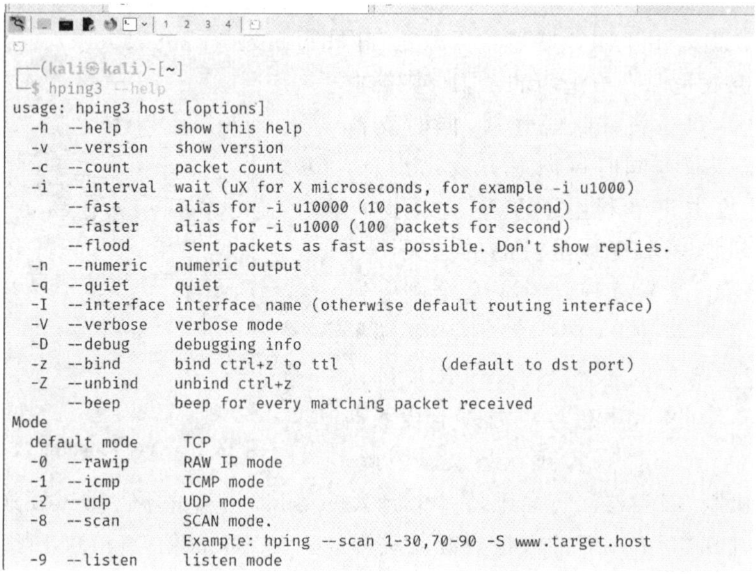

```
┌──(kali㉿kali)-[~]
└─$ hping3 --help
usage: hping3 host [options]
  -h  --help      show this help
  -v  --version   show version
  -c  --count     packet count
  -i  --interval  wait (uX for X microseconds, for example -i u1000)
      --fast      alias for -i u10000 (10 packets for second)
      --faster    alias for -i u1000 (100 packets for second)
      --flood      sent packets as fast as possible. Don't show replies.
  -n  --numeric   numeric output
  -q  --quiet     quiet
  -I  --interface interface name (otherwise default routing interface)
  -V  --verbose   verbose mode
  -D  --debug     debugging info
  -z  --bind      bind ctrl+z to ttl           (default to dst port)
  -Z  --unbind    unbind ctrl+z
      --beep      beep for every matching packet received
Mode
  default mode     TCP
  -0  --rawip      RAW IP mode
  -1  --icmp       ICMP mode
  -2  --udp        UDP mode
  -8  --scan       SCAN mode.
                   Example: hping --scan 1-30,70-90 -S www.target.host
  -9  --listen     listen mode
```

(a)

图 16-4 hping3 详解示意图

```
IP
  -a  --spoof        spoof source address
      --rand-dest    random destionation address mode. see the man.
      --rand-source  random source address mode. see the man.
  -t  --ttl          ttl (default 64)
  -N  --id           id (default random)
  -W  --winid        use win* id byte ordering
  -r  --rel          relativize id field          (to estimate host traffic)
  -f  --frag         split packets in more frag.  (may pass weak acl)
  -x  --morefrag     set more fragments flag
  -y  --dontfrag     set don't fragment flag
  -g  --fragoff      set the fragment offset
  -m  --mtu          set virtual mtu, implies --frag if packet size > mtu
  -o  --tos          type of service (default 0x00), try --tos help
  -G  --rroute       includes RECORD_ROUTE option and display the route buffer
      --lsrr         loose source routing and record route
      --ssrr         strict source routing and record route
  -H  --ipproto      set the IP protocol field, only in RAW IP mode
ICMP
  -C  --icmptype     icmp type (default echo request)
  -K  --icmpcode     icmp code (default 0)
      --force-icmp   send all icmp types (default send only supported types)
      --icmp-gw      set gateway address for ICMP redirect (default 0.0.0.0)
      --icmp-ts      Alias for --icmp --icmptype 13 (ICMP timestamp)
      --icmp-addr    Alias for --icmp --icmptype 17 (ICMP address subnet mask)
      --icmp-help    display help for others icmp options
```

(b)

```
UDP/TCP
  -s  --baseport     base source port             (default random)
  -p  --destport     [+][+]<port> destination port(default 0) ctrl+z inc/dec
  -k  --keep         keep still source port
  -w  --win          winsize (default 64)
  -O  --tcpoff       set fake tcp data offset     (instead of tcphdrlen / 4)
  -Q  --seqnum       shows only tcp sequence number
  -b  --badcksum     (try to) send packets with a bad IP checksum
                     many systems will fix the IP checksum sending the packet
                     so you'll get bad UDP/TCP checksum instead.
  -M  --setseq       set TCP sequence number
  -L  --setack       set TCP ack
  -F  --fin          set FIN flag
  -S  --syn          set SYN flag
  -R  --rst          set RST flag
  -P  --push         set PUSH flag
  -A  --ack          set ACK flag
  -U  --urg          set URG flag
  -X  --xmas         set X unused flag (0x40)
  -Y  --ymas         set Y unused flag (0x80)
      --tcpexitcode  use last tcp->th_flags as exit code
      --tcp-mss      enable the TCP MSS option with the given value
      --tcp-timestamp enable the TCP timestamp option to guess the HZ/uptime
```

(c)

```
Common
  -d  --data         data size                    (default is 0)
  -E  --file         data from file
  -e  --sign         add 'signature'
  -j  --dump         dump packets in hex
  -J  --print        dump printable characters
  -B  --safe         enable 'safe' protocol
  -u  --end          tell you when --file reached EOF and prevent rewind
  -T  --traceroute   traceroute mode              (implies --bind and --ttl 1)
      --tr-stop      Exit when receive the first not ICMP in traceroute mode
      --tr-keep-ttl  Keep the source TTL fixed, useful to monitor just one hop
      --tr-no-rtt    Don't calculate/show RTT information in traceroute mode
ARS packet description (new, unstable)
      --apd-send     Send the packet described with APD (see docs/APD.txt)
```

(d)

图 16-4 （续）

这种攻击方式中，攻击方会向目标端口发送大量设置了 SYN 标志位的 TCP 数据包，受攻击的服务器会根据这些数据包建立连接，并将连接的信息存储在连接表中，而攻击方不断地发送 SYN 数据包，很快就会将连接表填满，此时受攻击的服务器就无法接收新来的连接请求了。

16.5.4 实验基础架构

本实验基础架构如图 16-5 所示。在桌面虚拟计算机软件 VMware Workstation 中安装 Kali 和 Windows Server 2003 操作系统,分别模拟物联网通信中的客户端和服务器端,同时,运用 hping3 命令对 VMware Workstation 虚拟机中 Windows Server 2003 服务器发动 SYN Flooding 攻击;再通过数据包分析软件 Wireshark 抓包分析模拟 SYN Flooding 攻击后的结果。

图 16-5　模拟 SYN Flooding 攻击实验基础架构图

16.6　实验指导

16.6.1　实验环境搭建

准备 Windows 操作系统的计算机 1 台,在此基础上搭建实验环境,安装桌面虚拟计算机软件 VMware Workstation、渗透测试和安全审计操作系统 Kali Linux、服务器操作系统 Windows Server 2003 和网络封包分析软件 Wireshark。具体步骤详见实验 1。

16.6.2　参数设置

(1) 将操作系统 Kali Linux 和 Windows Server 2003 的网络连接方式都设置为 NAT(用于共享主机的 IP 地址)。

(2) 操作系统 Kali Linux 和 Windows Server 2003 的 IP 获取方式设置为自动获取 IP(DHCP 分配)。该方式为系统默认方式。如需单独配置,可参考附录执行相关步骤。

16.6.3　IP 地址查看

分别查看并记录操作系统 Kali Linux 和服务器端操作系统 Windows Server 2003 的 IP 地址(由于 IP 地址为自动获取,本实验范例 Kali Linux 的 IP 地址为 192.167.186.135,服务器端操作系统 Windows Server 2003 的 IP 地址为 192.167.186.129,请勿照搬)。具体步骤如下。

1. 查看 Kali Linux 虚拟机的 IP 地址

(1) 单击 Kali Linux 操作系统界面如图 16-6 所示位置,打开 Kali Linux 的一个终端 Terminal Emulator,出现如图 16-7 所示界面。

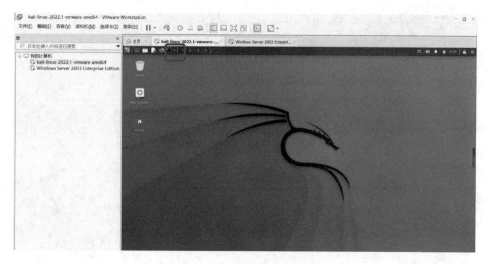

图 16-6 打开 Kali Linux 的终端 Terminal Emulator

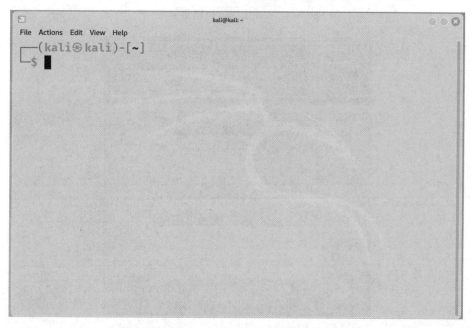

图 16-7 Kali Linux 的终端 Terminal Emulator

（2）在打开的 Kali Linux 操作系统终端 Terminal Emulator 中输入 ifconfig 命令，将出现如图 16-8 所示的界面。该命令是在 Linux 下可设置网络设备的状态，或显示当前的设置。本实验中主要查看 Kali Linux 操作系统的 IP 地址。例如，本例中 IP 地址为 192.167.186.135。

注意：由于是自动获取 IP，所以实验中每台计算机的 IP 地址是不同的，不能照搬上述 IP 地址。

2．查看服务器端 Windows Server 2003 的 IP 地址

（1）开启桌面虚拟计算机软件 VMware Workstation 中服务器端 Windows Server 2003，在如图 16-9 中输入相应信息。如在安装时未设置密码，直接单击图 16-9 中的"确定"-"其他故障：系统没有反应"，即可进入如图 16-10 所示的正常界面。

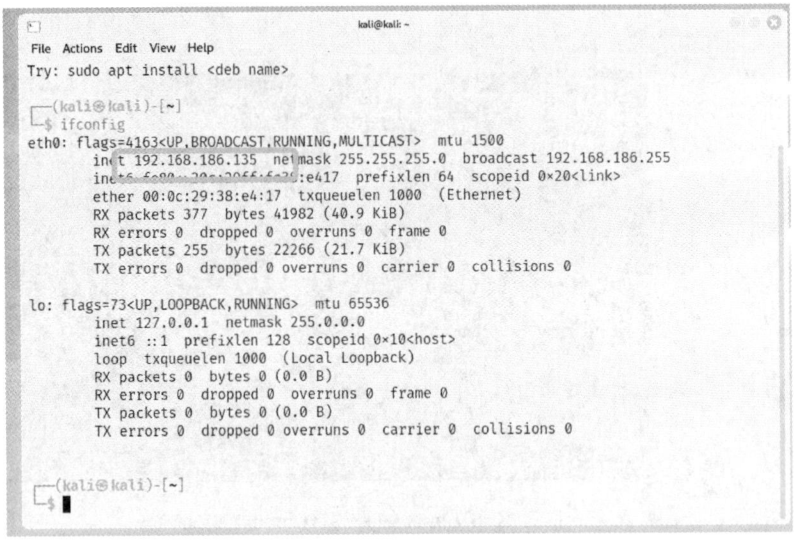

图 16-8　Kali Linux 的网络参数

图 16-9　服务器端 Windows Server 2003 的故障处理

图 16-10　服务器端 Windows Server 2003 的正常启动界面

（2）单击服务器端 Windows Server 2003 的"开始"→"命令提示符"，在弹出的如图 16-11 所示的窗口光标闪烁处输入 ipconfig 命令，即可查看服务器端 Windows Server 2003 的 IP 地址。

图 16-11　获得服务器端 Windows Server 2003 的 IP 地址正常启动界面

16.6.4　模拟 SYN Flooding 攻击实施

1. 输入攻击命令

在 Kali Linux 操作系统中打开一个终端，然后在终端中输入如下命令后按 Enter 键，将出现如图 16-12 所示的界面。

sudo hping3 －q －n －－rand－source －S －p 80 －－flood 192.168.186.129

参数说明：

-q　--quiet　　quiet//安静模式。

-n　- numeric numeric output//数字化输出，象征性输出主机地址。

--rand-source　　random source address mode. see the man. // 随机源地址模式。

-S　--syn　　set SYN flag// 发送 SYN 信号。

-p － destport［+］［+］＜port＞ destination port(default 0) ctrl＋z inc/dec // 缺省随机源端口。

80 为 80 端口，是为超文本传输协议（Hyper Text Transport Protocols，HTTP）开放的，主要用于万维网（World Wide Web，WWW）传输信息的协议。

--flood sent packets as fast as possible. Don't show replies. 尽可能快地发送数据包，越快越好。

192.168.186.129 为虚拟机中 Windows Server 2003 服务器的 IP 地址。

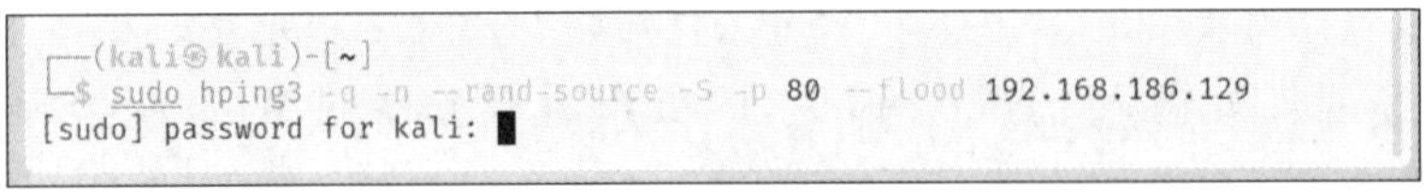

```
┌──(kali㊉kali)-[~]
└─$ sudo hping3 -q -n --rand-source -S -p 80 --flood 192.168.186.129
[sudo] password for kali:
```

图 16-12　获得服务器端 Windows Server 2003 的 IP 地址正常启动界面

由以上参数说明可知,上述命令的作用是在安静的随机源地址模式下,对 IP 地址为 192.168.186.129 的主机的 80 端口发送建立 TCP 连接的 SYN 信号,越快越好。

2. 模拟 SYN Flooding 攻击成功

在如图 16-12 所示的界面输入密码 kali。

注意:该密码是不会显示的,输入完成后直接按 Enter 键即可。这时正式的 SYN Flooding 攻击就开始了,将出现如图 16-13 所示的界面。在这个过程中可以随时使用 Ctrl+C 组合键来结束这次攻击。

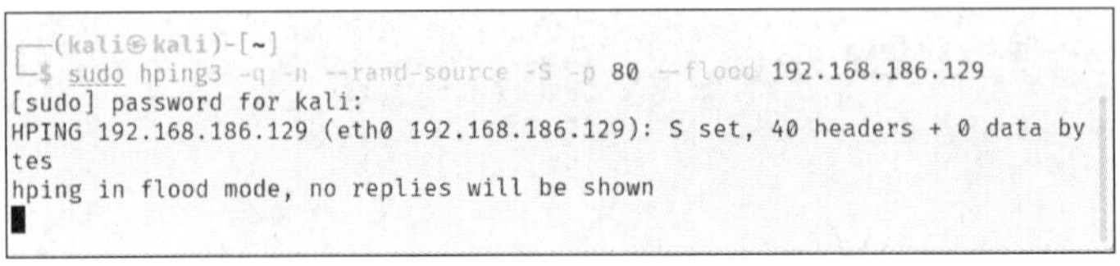

```
┌──(kali㊉kali)-[~]
└─$ sudo hping3 -q -n --rand-source -S -p 80 --flood 192.168.186.129
[sudo] password for kali:
HPING 192.168.186.129 (eth0 192.168.186.129): S set, 40 headers + 0 data by
tes
hping in flood mode, no replies will be shown
```

图 16-13　Kali Linux 操作系统中模拟 SYN Flooding 攻击成功界面

16.6.5　IP 欺骗下的模拟 SYN Flooding 攻击

按 16.6.4 节所述方式展开模拟 SYN Flooding 攻击,通过抓取数据包进行分析,可以快速根据 IP 地址找到攻击者。为了实现攻击者的藏匿,在实际的攻击场景中,一般将实现 IP 欺骗下的模拟 SYN Flooding 攻击为例。下文给出两种实现代码范例,但不局限于此,有兴趣的读者可以进一步学习。

1. 攻击命令

sudo hping3 -c 1000 -d 120 -S -w 64 -p 80 --flood --spoof 10.0.0.2 192.168.75.128

参数说明:

-sudo 是为了以超级用户(root)的权限运行 hping3 命令,因为该命令可能需要特权来执行某些操作。

-hping3:hping3 是一个命令行下的 TCP/IP 数据包组装/分析工具,支持 TCP、UDP、ICMP 和原始 IP 协议的数据包发送和接收。

-c 1000:发送 1000 个数据包。

-d 120:每个数据包之间的延迟是 120 微秒(us)。这意味着在发送每个数据包后,hping3 会等待 120 微秒再发送下一个。

-S:设置 SYN 标志。这意味着发送的数据包将具有 TCP SYN 标志设置,这通常用于建立 TCP 连接。

-w 64:设置 TCP 窗口大小为 64 字节。但请注意,这个选项在某些版本的 hping3 中可能不可用或被其他选项替代。

-p 80:设置目标端口为 80。这意味着数据包将被发送到目标机器的 80 端口(通常是

HTTP 服务的默认端口）。

--spoof 10.0.0.2：伪造源地址为 10.0.0.2（为于常规 IP 区分，在实验中特以此地址说明其为一个虚假 IP 地址）。

192.168.37.128 向 192.168.37.128 发动攻击。

2. IP 欺骗下的模拟 SYN Flooding 攻击结果

在如图 16-12 所示的界面，输入密码：kali。注意，该密码是不会显示的，输入完毕后直接回车即可。这时正式的模拟 SYN Flooding 攻击就开始了，将出现如图 16-14 所示的界面。在这个过程中可以随时使用 Ctrl+C 组合键来结束攻击。

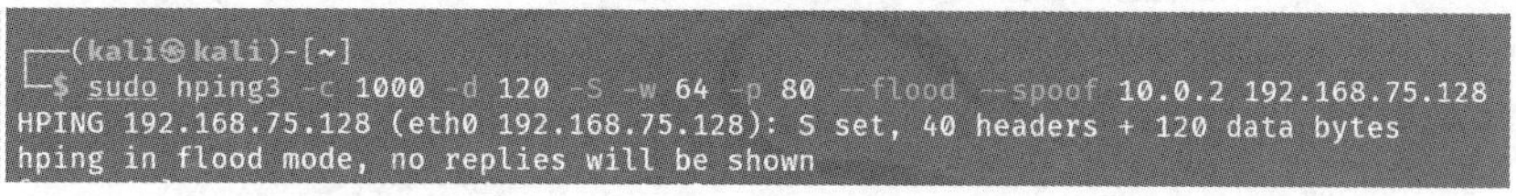

图 16-14　Kali Linux 操作系统中 IP 欺骗下的模拟 SYN Flooding 攻击成功界面

16.6.6　Wireshark 抓包启动

（1）启动 Wireshark，进入如图 16-15 所示的界面。

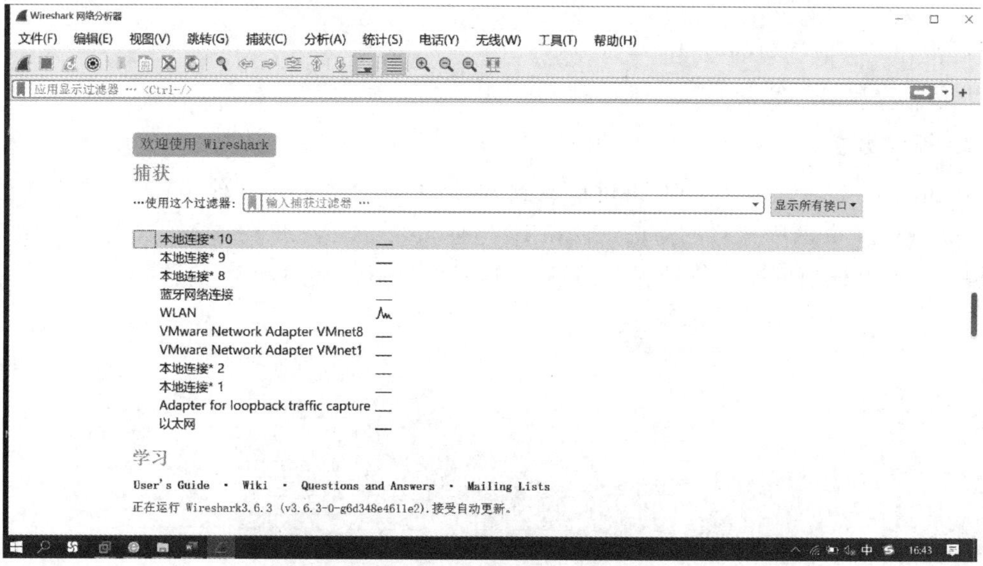

图 16-15　Wireshark 的启动界面

其中，WLAN 表示连接是 Wi-Fi，以太网表示通过网线联网。

（2）选中"VMware Network Adapter VMnet8"网卡。

因本实验中客户端 Kali Linux 操作系统和服务器端 Windows Server 2003 操作系统的网络连接方式都设置为 NAT 模式，因此在单击 VMware Network Adapter VMnet8 选中网卡就可以监听 NAT 模式下所有通信流量，进入如图 16-16 所示界面。

1. 关于抓包界面的详细分析

No——数据包的标号。

Time——Wireshark 抓包的用时。

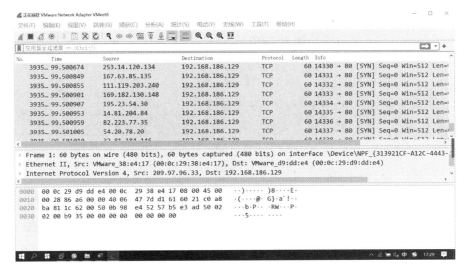

图 16-16　Wireshark 的抓包显示界面

Source——IP 来源。

Destination——目的 IP 地址。

Protocol——协议。

Length——数据包的长度。

Info——数据包信息。

2. 抓包分析

从如图 16-17 所示的抓包结果可以看到，网络中有大量来自其他 IP 主机与 IP 地址为 192.168.186.129 的服务器的通信。向该 IP 地址 192.168.186.129 发送了大量的 SYN 请求，但是却没有任何下一步行动。在网络中，这显然是不正常的行为。

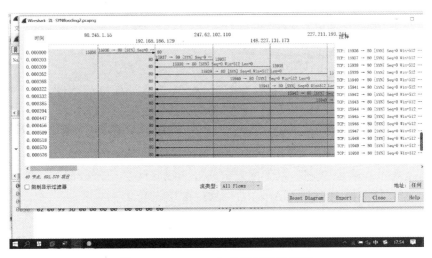

图 16-17　Wireshark 的抓包显示界面

3. 流向图显示

在 Wireshark 软件中选择"统计"→"流向图"，将把模拟 SYN Flooding 攻击的 IP 源地址、实施端口号的相关信息以可视化的流向图直观地显示出来,实例图如图 16-16 所示,可以方便用户观察网络流量,从而尽早发现网络异常。由于攻击者伪造了大量的源地址,这种情况下在数据流图中显示的信息就会很难理解。尤其是因为里面出现的大量地址,导致这个图的横轴变得十分长。因此,建议在实验中时间控制在 1s 内。

16.7 注意事项

1. 深入理解攻击原理

在着手实验之前,务必对模拟 SYN Flooding 攻击的原理有深入的理解。这包括 TCP 三次握手过程、SYN 包的作用以及如何利用大量伪造的 SYN 请求耗尽目标系统的资源,从而导致服务拒绝。理解这些基础知识是设计实验、分析结果并提出有效防护措施的前提。

2. 安全隔离与合法授权

实验必须在完全隔离的网络环境中进行,以防止对实际网络造成潜在威胁。利用 VMware Workstation 等虚拟化软件创建的虚拟网络环境是理想的选择。同时,确保所有实验活动均获得合法授权,不得对未经允许的系统或网络发动攻击。

3. 工具软件的正确安装与配置

正确安装并配置 VMware Workstation 以及 Kali Linux 是实验成功的关键。在安装过程中,注意遵循官方文档或教程的指导,确保软件版本兼容、系统配置合理。此外,还需安装并熟悉 hping3、Wireshark 等网络工具的使用方法,以便在实验过程中能够准确执行命令、捕捉并分析网络数据包。

4. 细致观察与全面分析

在实验过程中,应细致观察攻击发起前后网络状态的变化,特别是目标系统的响应情况。使用 Wireshark 等工具捕捉并分析网络数据包,识别出模拟 SYN Flooding 攻击的特征,如大量未完成的 TCP 连接尝试、SYN 包的比例异常升高等。通过对比分析,深入理解攻击的影响及其在网络层面上的表现。同时,根据实验结果提出有效的防护策略,如启用防火墙规则、配置 SYN Cookie 等,以提高网络系统的安全性。

16.8 思考题

1. 如何通过 Wireshark 软件的流向图发现网络流量异常?
2. 可以采用哪些策略抵御模拟 SYN Flooding 攻击?
3. 请结合实验 15 和实验 16,思考如何实施 IP 欺骗下的模拟 SYN Flooding 攻击。在这种情况下,又该如何抵御?
4. 在军事物联网环境中,模拟 SYN Flooding 攻击如何威胁到作战指挥系统的稳定运行?请详细说明其攻击原理及潜在影响。

(1) 阐述模拟 SYN Flooding 攻击的基本原理,即攻击者通过发送大量伪造的 TCP SYN 包到目标服务器,占满半开连接队列,从而拒绝服务合法用户的连接请求。

(2) 分析在军事物联网中,这种攻击如何影响作战指挥系统的通信效率、数据传输稳定性和实时性。

(3) 探讨 IP 欺骗的潜在影响,如延误作战指令的传达、干扰战场态势感知等。

5. 在模拟军事物联网环境时,如何利用 VMware Workstation 搭建包含 Kali Linux 和模拟军事设备的虚拟网络?请描述详细步骤和配置要点。请思考如下问题:

(1) 如何在 VMware Workstation 中创建多个虚拟机,包括一个运行 Kali Linux 的攻击机和一个或多个模拟军事设备的目标机。

(2) 如何配置网络设置,以确保虚拟机之间能够相互通信,同时模拟真实的军事物联网网络环境。

(3) 强调网络安全配置的重要性,如设置防火墙规则、禁用不必要的服务等。

6. 假设你是敌方黑客,如何使用 Kali Linux 中的 hping3 工具对军事物联网中的某个关键服务器发起模拟 SYN Flooding 攻击?请编写攻击脚本并解释每一步的作用。

(1) 阐述 hping3 工具的基本用法,特别是如何构造和发送 TCP SYN 包。

(2) 编写一个简单的模拟 SYN Flooding 攻击脚本,展示如何设置目标 IP、端口、发送速率等参数。

(3) 分析攻击脚本中每一步的作用,以及如何通过调整参数来增强攻击效果或绕过某些防御措施。

7. 在军事物联网受到模拟 SYN Flooding 攻击后,思考如何使用 Wireshark 工具分析网络流量,识别并定位攻击源?请列出分析步骤和关键观察点。

(1) 阐述如何使用 Wireshark 捕获网络流量,并设置合适的过滤器以排除无关数据。

(2) 分析模拟 SYN Flooding 攻击在 Wireshark 中的表现特征,如大量未完成的 TCP SYN 请求、源 IP 地址的多样性等。

(3) 如何根据这些特征识别攻击源,并可能采取的防御措施,如 IP 黑名单、流量限速等。

实验17

模拟DoS攻击实验

17.1　实验目的

通过在渗透测试和安全审计操作系统 Kali Linux 上发动实施模拟 DoS 攻击实验,进一步理解和掌握 DoS 攻击和防护方法。

17.2　实验任务

通过 DoS 攻击的 Python 程序编写,基于桌面虚拟计算机软件 VMware Workstation、渗透测试和安全审计操作系统 Kali Linux 和服务器端操作系统 Windows Server 2003 发起 DoS 攻击。

17.3　实验环境

17.3.1　硬件环境

安装 Microsoft Windows 操作系统的计算机1台。

17.3.2　软件环境

(1) 桌面虚拟计算机软件:VMware Workstation。
(2) 渗透测试和安全审计操作系统:Kali Linux。
(3) 集成开发环境:Spyder。
(4) 服务器端操作系统:Windows Server 2003。

17.4　实验学时与要求

学时:2学时。
要求:独立完成实验任务,撰写实验报告。

17.5 理论提示

17.5.1 DoS 攻击

DoS 的英文全称是 Denial of Service，即"拒绝服务"的意思。与网络中其他的攻击方法相比，DoS 攻击是比较简单、有效的一种进攻方式。最基本的 DoS 攻击就是利用合理的服务请求来占用过多的服务资源，使服务提供方疲于应付，从而使合法用户无法得到服务。最典型的例子是造成一个公开的网站无法访问。

DoS 攻击的基本过程：攻击者首先向服务器发送众多带有虚假地址的请求，服务器发送回复信息后等待回传信息；由于地址是伪造的，所以服务器一直等不到回传的消息，分配给这次请求的资源就始终无法释放。当服务器等待一定的时间后，连接会因超时而被切断，攻击者会再度传送一批新的请求，在这种反复发送伪地址请求的情况下，服务器资源最终会被耗尽。

17.5.2 DDoS 攻击

目前，大型企业或组织往往具有较强的服务提供能力，足以处理单个攻击者发起的所有请求。于是，攻击者会组织很多协作的同伴（或计算机），从不同的位置同时提出服务请求，直到服务无法被访问。这就是分布式拒绝服务攻击 DDoS 的由来。

与 DoS 攻击不同，分布式拒绝服务（Distributed Denial of Service，DDoS）攻击是一种基于 DoS 的特殊形式的拒绝服务攻击，是一种分布、协作的大规模攻击方式，主要瞄准比较大的站点，如商业公司、搜索引擎和政府部门的站点。通常，DoS 攻击只需要一台单机和一个 Modem 就可实现，属于单来源攻击；而 DDoS 攻击则使用多个不同的源 IP 地址（通常有数千个）对单一目标同时进行攻击，利用合理的请求造成资源过载，目的是使被攻击者的服务或网络过载，不能提供正常服务，属于多来源攻击。这样来势迅猛的攻击令人难以防备，因此具有较大的破坏性。

比如一个停车场总共有 100 个车位，当 100 个车位都停满车后，再有车想要停进来就必须等已有的车先出去才行。如果已有的车一直不出去，那么停车场的入口就会排起长队，停车场的负荷过载，不能正常工作，这种情况就是"拒绝服务"。我们的系统就好比是停车场，系统中的资源就是车位。资源是有限的，而服务必须一直提供下去。如果资源都已经被占用，那么服务也将过载，导致系统停止新的响应。

17.6 实验指导

17.6.1 实验环境搭建

安装桌面虚拟计算机软件 VMware Workstation、渗透测试和安全审计操作系统 Kali Linux、服务器端操作系统 Windows Server 2003 和集成开发环境 Spyder，详见实验 1。

17.6.2 DoS攻击文件编写

在集成开发环境Spyder(Anaconda3)中编写用于DoS攻击的文件,本实验将其命名为DDoS-attack.py(该名称可自行设定),可由学员根据自身情况自行选定如下进阶模式:宏观把握型、细嚼慢咽型和独立完成型。该进阶模式适合本书其他所有实验项目。

1. Level 1 宏观把握型

方式:教员提供DoS攻击程序代码(详见附录2),让学员阅读理解程序,宏观把握程序设计意图,绘制程序流程图,分析程序运行结果。

目的:让学员在上述过程中加深对DoS攻击原理理解的同时,克服自身对编程的畏难情绪,逐步喜欢上编程,敢于编程。

特点:对学员编程能力要求较低,适合有编程基础有待进一步提高或畏惧编程的学员。

分值:2分。

2. Level 2 细嚼慢咽型

方式:教员提供DoS攻击程序代码(详见附录2),让学员逐行阅读理解程序,为每行代码标注注释,分析程序运行结果。

目的:让学员在分析程序代码的过程中加深对DoS攻击原理理解的同时,提高自身的编程能力,逐步向乐于编程进阶。

特点:对学员编程能力要求适中,适合有一定编程基础,有意愿提高自身编程能力的学员。

分值:3分。

3. Level 3 独立完成型

方式:学员根据DoS攻击原理,自行编写攻击程序,独立完成实验程序调试。

目的:进一步培养学员程序设计的综合能力,让学员在上述过程中加深对DoS攻击原理理解的同时,体会到编程的乐趣和作用,从乐于编程向擅于编程进阶。

特点:对学员编程能力要求较高,适合基础较好的学员。

分值:5分。

17.6.3 DoS攻击文件复制

1. 启动虚拟机

打开桌面虚拟计算机软件VMware Workstation,如图17-1所示。双击VMware Workstation左侧"我的计算机"下的Kali-Linux-2020.3-vmware-amd64。单击VMware Workstation软件中间如图17-2所示位置的"开启此虚拟机",进入VMware Workstation软件中的Kali Linux操作系统,出现如图17-3所示输入用户名和密码的界面。

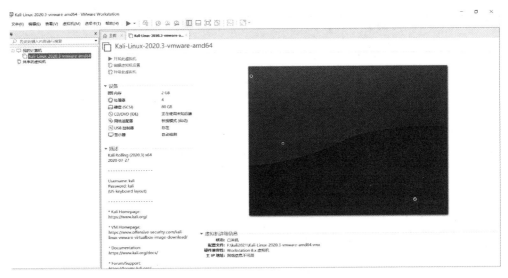

图 17-1 启动 Kali Linux 操作系统

图 17-2 单击"开启此虚拟机"

图 17-3 输入 Kali Linux 操作系统用户名和密码

2. 输入 Kali Linux 操作系统密码

输入用户名和密码(均为 kali)后,出现如图 17-4 所示的 Kali Linux 操作系统界面。

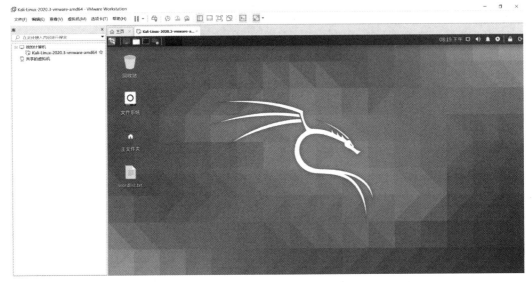

图 17-4 Kali Linux 操作系统界面

3. 进入相关文件夹

单击 Kali Linux 操作系统"主文件夹",进入如图 17-5 所示界面,在该目录下新建文件夹"DDoS-Attack"(注意:是文件夹,不是文件)。

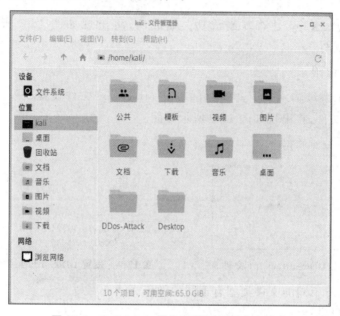

图 17-5　Kali Linux 操作系统下的新建文件夹

4. 复制文件

把步骤 2 中编写好的 DDoS-attack.py 文件以复制粘贴的方式复制到新建文件夹"DDoS-Attack"内。

17.6.4　模拟 DoS 攻击实施

1. 打开终端

打开 Kali Linux 操作系统虚拟机终端(从右往左第二个黑框)出现如图 17-6 所示窗口。

2. 进入相关文件夹

在终端窗口的~$后输入如图中所示命令后按 Enter 键,进入刚新建的 DDoS-Attack 文件夹,运行成功后将弹出如图 17-7 所示界面。

```
cd DoS-Attack
```

图 17-6　Kali Linux 操作系统下打开终端

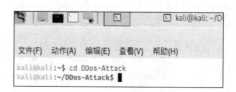

图 17-7　进入新建 DDoS-Attack 文件夹

3. 查看文件

在~$后输入如下命令:

```
ls
```

查看 DDoS-attack.py 是否复制成功。如成功,将出现如图 17-8 所示界面,显示出 DDoS-attack.py 文件。

4. 设置文件权限

在上述终端中继续输入如下命令,给 DDoS-attack.py 文件设置权限,把 DDoS-attack.py 变为可执行的文件,将出现如图 17-9 所示界面。

```
chmod +x DoS-attack.py
```

图 17-8　显示出 DDoS-attack.py 文件　　　图 17-9　设置 DDoS-attack.py 文件权限

说明:Linux 下不同的文件类型有不同的颜色。

- ➢ 蓝色表示目录;
- ➢ 绿色表示可执行文件、可执行的程序;
- ➢ 红色表示压缩文件或包文件;
- ➢ 浅蓝色表示链接文件;
- ➢ 灰色表示其他文件;
- ➢ 红色闪烁表示链接的文件有问题;
- ➢ 黄色表示设备文件。

5. 运行 Python 文件

在集成开发环境 Spyder 中运行 Python 文件 DDoS-Attack.py,在上述终端中继续输入如下命令,表示执行名为 DDoS-Attack.py 的 Python 文件,将出现如图 17-10 所示界面。

```
Python DoS-attack.py
```

图 17-10　设置 DDoS-Attack.py 的 Python 文件

6. 输入 IP 地址

在图 17-11 的 IP Target 中输入要攻击目标计算机的 IP 地址（请自行思考如何查看联网计算机 IP 地址）和端口号。例如，本例中，目标计算机的 IP 为 192.168.43.181（该地址为服务器操作系统：Windows Server 2003 的 IP 地址），拟攻击其端口 135，如图 17-11 所示。

图 17-11　输入目标计算机 IP 和端口号

端口号主要有 TCP 135、139、445、593、1025 端口和 UDP 135、137、138、445 端口，一些流行病毒的后门端口（如 TCP 2745、3127、6129 端口），以及远程服务访问端口（3389）。

7. 出现 DoS 攻击界面

输入命令按 Enter 键后将出现如图 17-12 所示界面，即向 IP 地址为 192.168.43.181 的服务器端发起 DoS 攻击。

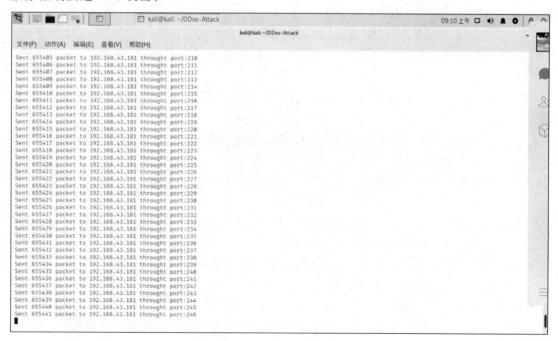

图 17-12　DoS 攻击效果显示

17.7 注意事项

1. 实验环境的安全与隔离

首先确保实验在完全隔离且受控的环境中进行，以避免对外部网络造成任何不必要的干扰或损害。使用虚拟机技术或专门的测试网络来模拟攻击场景，确保所有实验活动均在合法、安全的范围内进行。

2. 合法性与伦理规范

强调实验必须在遵守所有相关法律法规、道德准则及组织政策的前提下进行。未经授权，不得对任何实际运行的网络系统发动 DoS 攻击。实验目的应仅限于教育和学习，旨在增进对 DoS 攻击及其防护机制的理解。

3. 实验记录与分析：

鼓励详细记录实验过程，包括攻击配置、参数设置、观察到的现象以及防护措施的效果等。通过对比分析实验数据，加深对 DoS 攻击及其防护机制的理解。同时，对实验结果进行反思和总结，提炼出有价值的经验和教训。

4. 安全意识的强化：

通过 DoS 攻击实验，不仅要学习攻击技术，更要认识到网络安全的重要性。强化网络安全意识，了解如何识别和预防类似攻击，以及如何制定有效的应急响应计划。这对于未来在网络安全领域的工作和研究具有重要意义。

17.8 思考题

1. 针对敌方某军事系统，设计一个模拟 Dos 攻击实验。

要求：

（1）运用你熟悉方式（如基于 Python 语言的或基于 Kali 命令的）进行程序编写（可直接分析素材）。

（2）提供详实的实验步骤和可视化的网络数据包分析。

（3）提交实验报告。

（4）查询电脑常用端口的作用。如何查看电脑哪些端口是开放的？为提高安全，请思考应关闭哪些端口？

2. 在军事物联网中，DoS 攻击如何对关键通信节点构成威胁？请结合具体场景分析，并讨论其对作战指挥和战场态势感知的影响。

（1）请阐述 DoS 攻击的基本原理，即通过大量无效请求占用系统资源，导致服务拒绝。

（2）分析在军事物联网中，关键通信节点（如指挥中心、传感器网络集线器等）受到 DoS 攻击后，如何影响数据传输、指令下达和战场信息的实时更新。

（3）探讨这种影响如何进一步波及作战指挥和战场态势感知的准确性和及时性。

3. 在本次模拟 DoS 攻击实验中，你是如何设置攻击参数以确保实验效果既明显又可控的？请详细说明你的策略和考虑因素。

(1) 阐述在选择攻击目标(如 Windows Server 2003)、确定攻击类型(如 SYN Flood、ICMP Flood 等)和设置攻击参数(如发送速率、持续时间等)时的决策依据。

(2) 讨论如何平衡实验效果与实验安全之间的关系,确保实验不会对实际网络环境造成不可预测的影响。

4. 军事物联网如何采用技术手段来防御和缓解 DoS 攻击?

(1) 请结合实验中的观察和分析,提出至少三种可行的防御策略。(可能的策略包括:增加网络带宽和服务器资源以提高抗攻击能力;部署防火墙和入侵检测系统来识别和拦截恶意流量;实施流量整形和限速策略以限制非法请求的影响范围等。)

(2) 讨论这些策略在军事物联网中的适用性和实施难点。

5. 在军事物联网遭受 DoS 攻击后,如何快速恢复网络通信并评估攻击损失?请设计一个简要的应急响应流程,以指导在军事物联网遭受 DoS 攻击后的快速恢复工作。

(流程可能包括:立即启动应急预案、隔离受攻击区域、分析攻击日志和流量数据以确定攻击源和攻击方式、采取必要的防御措施来阻止攻击继续、逐步恢复网络通信并验证系统稳定性、评估攻击损失并制定后续改进措施等。)

附录1 如何查看计算机的MAC地址

(1) 直接用 Win+R 组合键打开运行命令,在弹出如图 14-22 所示界面的对话框中输入 cmd,单击"确定"按钮,如附图 1-1 所示。

附图 1-1 Windows 操作系统进入 cmd 命令界面

(2) 打开后在英文状态下运行命令 ipconfig /all,如附图 1-2 所示。

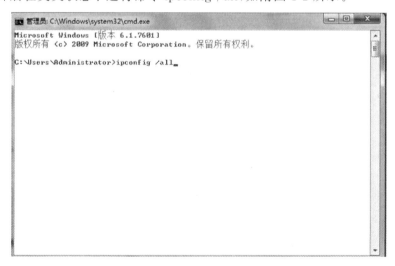

附图 1-2 cmd 界面中输入命令 ipconfig /all

（3）按 Enter 键确定，如附图 1-3 所示，可以看到一个物理地址，也就是本机的 MAC 地址，本例为 40-74-E0-BD-CF-E5。

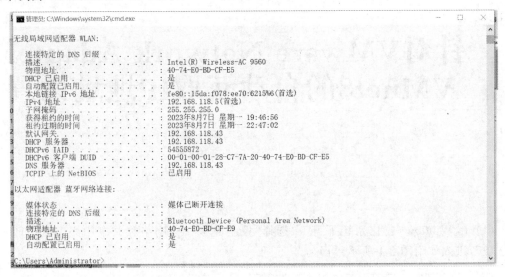

附图 1-3　在 cmd 界面中查看计算机的 MAC 地址

附录2 针对VMware Network Adapter VMnet8的自动获取IP地址设置

（1）在 Windows 操作系统下，依次选择"控制面板"→"网络和共享中心"→"更改适配器选项"，进入如附图 2-1 所示界面。

附图 2-1　Windows 操作系统下的网络设置

（2）在如附图 2-1 所示界面中，右键单击 VMware Network Adapter VMnet8，选择"属性"→"Internet 协议版本 4"→"自动获得 IP 地址"，如附图 2-2 所示。

附录2　针对VMware Network Adapter VMnet8的自动获取IP地址设置

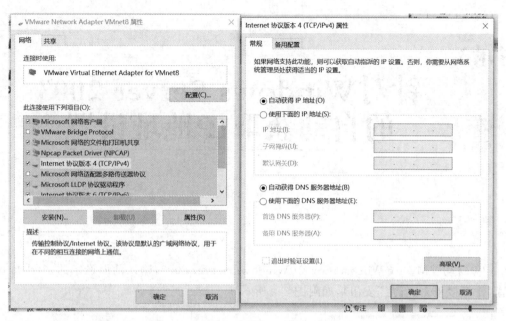

附图 2-2　VMware Network Adapter VMnet8 的自动 IP 地址设置

附录3 针对Windows Server 2003 的自动获取IP地址设置

(1) 启动 VMware Workstation 中 Windows Server 2003,输入前面设定的密码(如没有设置,就直接单击"确定"按钮),如附图 3-1 所示。

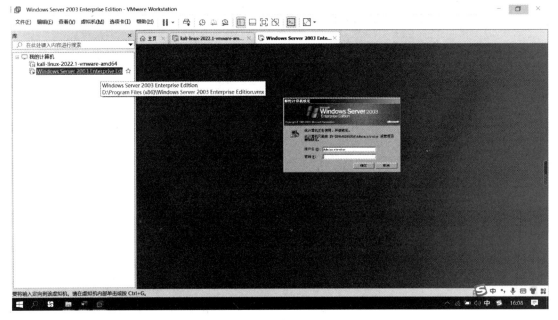

附图 3-1　启动 Windows Server 2003

(2) 参考 Windows 操作系统进行 IP 设置。依次单击"开始"→"控制面板"→"网络连接"→"本地连接"→"属性"→"Internet 协议(TCP/IP)"→"自动获得 IP 地址"→"确定",如附图 3-2 所示。

(3) 参考 Windows 操作系统进行 IP 设置,如附图 3-3 所示,依次单击"开始"→"控制面板"→"网络连接"→"本地连接"→"支持",可以查看自动获取的 IP 地址。

附录3　针对Windows Server 2003的自动获取IP地址设置

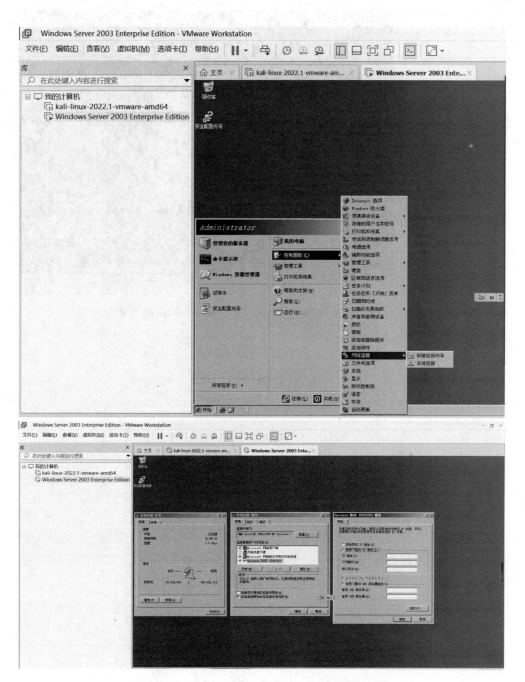

附图 3-2　Windows Server 2003 中自动获取 IP 地址

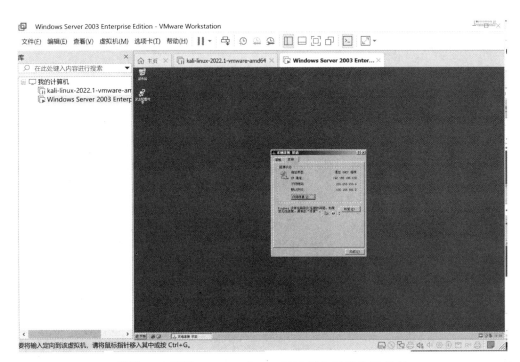

附图 3-3　查看 Windows Server 2003 操作系统的 IP 地址

参 考 文 献

[1] 吕鉴涛.人工智能算法 Python 案例实战[M].北京：人民邮电出版社.2021.
[2] Bell A. Python 编程零基础入门[M].北京：人民邮电出版社.2023.
[3] Hertzog R. Kali Linux 大揭秘：深入掌握渗透测试平台.2018.
[4] 陈铁明.网络空间安全实战基础[M].北京：人民邮电出版社.2018.
[5] 朱文伟,李建英.密码学原理与 Java 实现[M].北京：清华大学出版社.2021.

图书资源支持

感谢您一直以来对清华版图书的支持和爱护。为了配合本书的使用,本书提供配套的资源,有需求的读者请扫描下方的"书圈"微信公众号二维码,在图书专区下载,也可以拨打电话或发送电子邮件咨询。

如果您在使用本书的过程中遇到了什么问题,或者有相关图书出版计划,也请您发邮件告诉我们,以便我们更好地为您服务。

我们的联系方式:

清华大学出版社计算机与信息分社网站:https://www.shuimushuhui.com/

地　　址:北京市海淀区双清路学研大厦 A 座 714

邮　　编:100084

电　　话:010-83470236　010-83470237

客服邮箱:2301891038@qq.com

QQ:2301891038(请写明您的单位和姓名)

资源下载: 关注公众号"书圈"下载配套资源。

书圈

清华计算机学堂

观看课程直播